精益制造025

经营者色彩基础

売れる色はこう決める!
カラー*マーケティング50選

《日经设计》编　王莉 译

人民东方出版传媒
People's Oriental Publishing & Media
東方出版社
The Oriental Press

目　录
Contents

第2章 打造品牌的色彩

第3章 助力品牌复活或闪亮登场的色彩

第4章 向大热商品学习，抓住流行色

第5章 从300人调查数据看色彩的力量

前言

和文字、外形等其他设计要素相比，色彩拥有独特的非凡力量，那便是快捷的传递速度。当人们使用文字或外形等设计要素时，虽可以表达含义，但在速度方面不及色彩。例如红绿灯，比起“停止”这一文字，更快捷的传达方式是灯的红色。另一方面，很多人看到绿色便会瞬间联想到“前进”“自然”“森林”“环保”等。如今，色彩的力量被人们活用于商品开发或交流计划方面，逐步发展为当今商业社会不可或缺的工具。

反之，不与色彩亲近的商业是不赚钱的。不增加产品或服务的价值，并且不使用瞬间能传递意义的色彩，这样的生意本不就该完结了吗？决定色彩不再是设计者们的专门领域，对制造企业的管理层而言，也是与他们息息相关的重要环节。本书将介绍用色彩打造畅销商品的50多件成功案例，希望对您日常的工作和研究有所帮助。

日经BP社《日经设计》主编　下川一哉

第1章　寓意光明未来的色彩易畅销

01

索尼 / VAIO C 系列、J 系列

光色的相辅相成产生活力和慰藉

橙色

||

开朗、充满活力

Design Active

VAIO C 系列配有键盘外套（单独销售）。通过变换键盘外套，享受与传统印象截然不同的色彩体验。

"天板"和"掌托"使用集光材料，营造似内部发光的效果。

2011年4月索尼VAIO 发售光鲜亮丽的C系列橙色款。

看过该产品后会发现，人们接受这件与其他笔记本电脑截然不同的产品，是有其原因的。该产品的天板和掌托部位使用了丙烯制的集光材料。集光材料由透明的树脂制成。进入集光材料内部的光会产生漫反射，由此产生素材发光的效果。

也就是说，C系列会从透明感的亮色本体内部发光。这正是使用了该集光材料的效果。

集光材料提升色彩的传达力

2011年东日本大地震后，日本消费者的心态和价值观发生了巨大变化。他们对产品或包装等色彩设计的要求也发生了转变。这一转变也出现在电脑行业。因为工作或兴趣，电脑已成为人际交流所不可或缺的工具。色彩对使用者的心理影响也逐渐增大。沉浸在震灾和核电站问题恐慌中的日本消费者们一定期待电脑的色彩能传递活力、勇气和慰藉等正能量。

从这一视角来看，C系列采用鲜亮的色彩设计可谓在电脑色彩设计领域先胜一筹。

C系列中的色彩有绿、白、黑、粉红、橙、蓝、红7种。创设中心VAIO 设计组的高级设计员田中聪一表示："选用生动的色彩表现明朗和活力。"而这种活力印象由起提升作用的集光材料演绎而出。具体而言，7种色彩中，绿、橙、红、粉红4色采用了集光材料。

"丙烯所具备的透明感充分体现了素材本身的美。这份质感与色彩度是普通涂装难以实现的。特别是橙色，在集光材料的效果下最能表现出生动的活力。"高级设计员田中如此说明道。

令人联想大海和天空的湛蓝

为最大限度地提升色彩效果，设计师们在C系列中的努力还不止于此。如第6页照片中所示，C系列不仅主体，连键盘都统一为橙色。通过色彩面积的扩大，整体的存在感得以提高。

实际上，这是使用了键盘套的缘故。第6页下方照片是没有使用键盘套的橙色C系列。两者效果相比可谓高下立现。很明显，将键盘统一为彩色后，其表现出的活力感大有提升。

在此之前，也有制造商在直销网站上提供选择电脑外壳色彩的服务。但是没有像VAIO 那样提供电脑主体和键盘色彩的选择。

创设中心网络产品设计团队VAIO 设计组的高级设计员深松香苗表示："用户对电脑色彩的喜好呈多样化趋势，敏感度逐年提高，并向重视时尚性和趣味性的方向发展。因此我们准备了适应各种喜好的、色彩丰富的键盘套。"

考虑用户的喜好，并不是简单地以获得活力为标准。制造商在提供基本色彩设计后还需结合用户当时的心情和境遇，为他们提供对色彩进行自主选择的服务。

卸下键盘套后，露出黑色键盘，有无键盘套可瞬间改变产品给用户的印象。

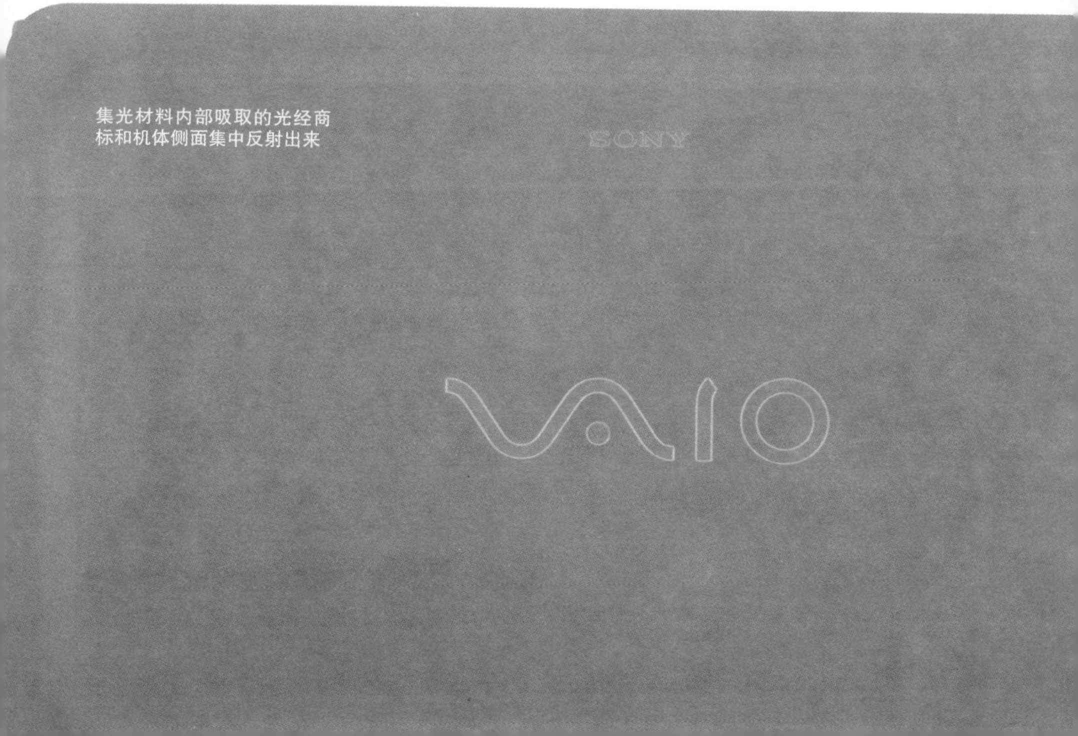

VAIO C 系列的色彩变换。店面和官网上的指定模式共为 7 色。分别为绿、白、黑、粉红、橙、蓝、红。

作为索尼的战略，不仅在笔记本电脑领域，在一体机电脑领域也引入了生动的色彩。近几年，液晶一体机电脑已能接收电视信号和播放蓝光碟，因而迅速普及。

在索尼的液晶一体机中，VAIO J系列以鲜明的色彩设计而闻名。人们可从5种色彩中选择液晶屏的边框——蓝色、米色、红色、黑色、白色。如果选择蓝色并为其配上同色的键盘套，边框与键盘会产生强烈的一体感，色彩的视觉效果得以加强。“将蓝色设定为土耳其石蓝绿色，会令人联想到海洋和天空，产生慰藉人心、令人平静的视觉效果。”高级设计员深松如此说明道。

家庭中日渐提升的电脑存在感

VAIO不仅在办公室，在家庭中也被广泛使用。一体机电脑继白色

VAIO J 系列的蓝色。配上土耳其石蓝绿色的键盘套。J 系列的机身有黑白两色，液晶屏的边框部分有彩色可供选择。香草冰淇淋般的米色和红酒般的红色设计与日式房间的风格也很般配。

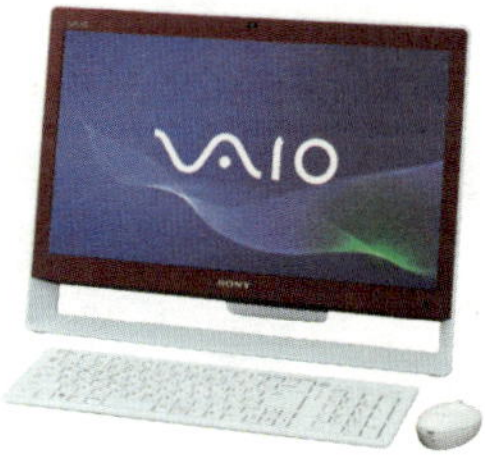

家电和电视后成为重要的家电产品，其色彩设计与室内空间的关联也日益密切。

由于具备接收电视信号等多功能，用户在电脑前的时间变长了。因此，电脑及其周边机器的色彩设计受到用户的期待。索尼的设计师们希望新推出的彩色机型可以安抚用户的心情，并注入活力。

02

三洋电机 eneloop

于无声中引导顾客的色彩

机身和包装都统一为黑色的“eneloop pro”。它比普通“eneloop”电池提升了 25% 的蓄电量，是一款特别面向电影制作等领域专业人士的产品。2011 年 7 月 21 日发售。

Design Active

黑&白

||

完全不同的用户群

机身与包装统一为白色的“eneloop plus”电池，增加了防止电池误用时会增温的设计，因而适用于儿童玩具。2011 年 12 月 1 日发售。

充电池eneloop（参照106页）的新模式得以公开，即“eneloop pro”（以下简称pro）和“eneloop plus”（以下简称plus）。pro和plus分别采用了不同于普通eneloop的黑与白。对于几乎无法变更形状的充电池而言，色彩可谓设计之要。黑白两色分别对应pro和plus，给用户以强烈的视觉冲击。

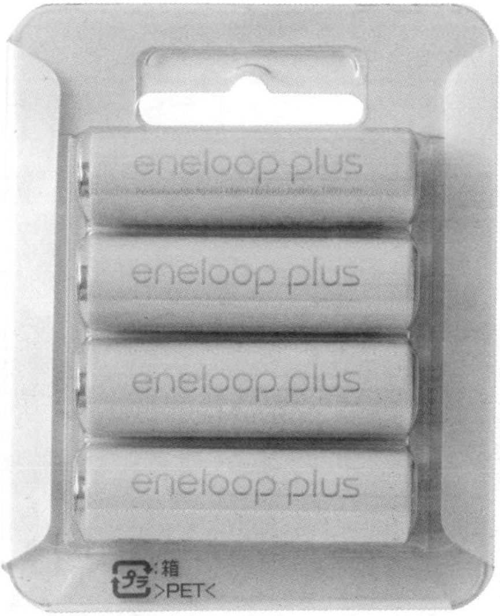

eneloop在全世界60多个国家都有销售。截至2011年5月底，累计销售数量达1亿6000万只。从本质上说，它属于“非一次性、可反复使用”的商品概念。由于可反复使用1500次，故很多用户认为该商品和普通干电池相比更为经济耐用。我们预测2011年内累计销售数量可达2亿只。随着该产品作为充电电池的代名词被广泛认知，销售数量还将日趋增加。

用色彩描绘用户群像

黑色的pro和白色的plus在具备eneloop蓄电池的基本性能外，还具备鲜明的特质。pro将蓄电量提升25%，plus则具备防发热功能。eneloop的色彩设计依靠着各自的特性吸引着消费者，肩负着扩展eneloop版图的重任。因此，每款电池的选色都是看准假想用户在选择时最心怡的色彩。

pro所用的黑色，与之前给人强烈印象的白色出乎意料地组成一条色彩链。普通的eneloop为不与女性的手袋发生撞色，本体常为白色，标签常为蓝色。但是，由于eneloop的设计以可反复使用的概念为轴心，故一直没有设定特定的品牌色。历代eneloop中都有使用鲜亮色彩的原型。但pro和plus并未按常规eneloop的用色规则选色，而是面向新用户从零开始设计。“eneloop的设计尽可能为客户考虑周全，将使用情境融入设计中。”三洋电机的设计部部长水田一久这样评述道。所以，黑与白可谓是表现pro和plus所设想的用户群像的色彩工具。

黑色的pro被提议专供专业人员使用，即以播放或影像制作领域的从业者为目标的大容量蓄电池。

例如，播放时使用的无线电麦克风、摄影师们使用的单反相机。若使

用pro，使用时间比普通eneloop电池更长，省下更换电池的工序。另外，用于数码相机等的锂电池在低温环境中会发生不能使用的情况，而eneloop在零下20度时也能使用。据说由于这一特性，eneloop被广泛应用到电影制作现场。“专业用途的机器多为黑色。机器内装入eneloop会产生一体感，所以选择道具感强的黑色。”（水田科长）

黑钻的光辉

pro是追求技术力的蓄电池。那其中有eneloop想要表达的技术质感。普通eneloop每2只售价1260日元，而pro追求的是远高于这一价格的色彩质感和洗练印象。

因此，pro不是简单的黑色，若拿在手中细细凝视便会看出一份深灰色。这种质感是在黑色上印刷了一层珍珠粉才实现的。据说是采用了汽车涂装工艺和黑钻哑光主题。并且，商标和本体一样追求优良的质感，也涂有珍珠粉，并非灿烂耀眼，而是低调、沉稳的哑光效果。

pro的容量可达2400毫安，而普通eneloop的容量为1900毫安。所以经检测证明，比起普通eneloop，pro用于数码相机时，可拍照数提升20%；用于LED灯时，使用时间提升30%。但是，和普通eneloop可反复使用1500次相比，pro仅可使用500次。可见电池容量与可反复使用次数呈反比关系。

此图为历代eneloop系列。最左边为白色本体加蓝色标志的组合，即普通eneloop电池。左起第2个蓝色款为“eneloop light”，它缩小了蓄电量，但可反复使用次数增至2000次。其右8色为2009年以8支为一套系、限量销售的“eneloop tones”。再其右是eneloop5周年纪念时限量发售的“eneloop tones glitter”中的7只电池。

白色的plus是适合玩具中使用的eneloop。据称其购买对象多为育儿阶段的主妇。

普通的eneloop当其正反极安装错误时，电池可能会升温至50摄氏度。plus则成功避免了误用时升温的情况，具备防止事故的功能。它用白色来表现即使是孩子也可安心使用的理念。

这款白色选自以蚕茧为主题的柔色系，是向孩子或家长做出的安全保证。其标志处涂有去光泽的清漆，努力向消费者传达柔和的印象。触感和pro相比也更显柔和。pro采用带光泽的亮色系，plus则采用暗光色系以突出柔和的印象。

pro和plus的共同之处是品质的上乘感。它们并非单纯的黑与白，而是追求与各自目标客户群相适应的不同质感。

由于蓄电池比干电池的电容量大，出于对事故风险的考虑，玩具业界掀起一股不推荐使用蓄电池的风潮。而plus的防升温功能打消了这一顾虑，在玩具业界开拓了属于eneloop的疆土。

充电器是植根于生活的商品

为配合pro的问世，新款黑色充电器也得以发售。由于充电器与蓄电池配套使用，且也是植根于生活的商品，所以对其色彩的要求也很高。从与电池颜色相配的充电器中也可窥见“以顾客为本”的设计理念。

历代的eneloop中也曾有过通过活用色彩实现开拓新顾客群的案例。例如“eneloop light”的浅蓝色是面向尚未使用过eneloop的主妇群体而专门设计的。其目的是为了呼应更加合理使用蓄电池的消费心理。和普通eneloop相比，该款电池蓄电量低，价格也便宜。

已销售一空的限量版“eneloop tones”使用色彩明亮的8款色彩向

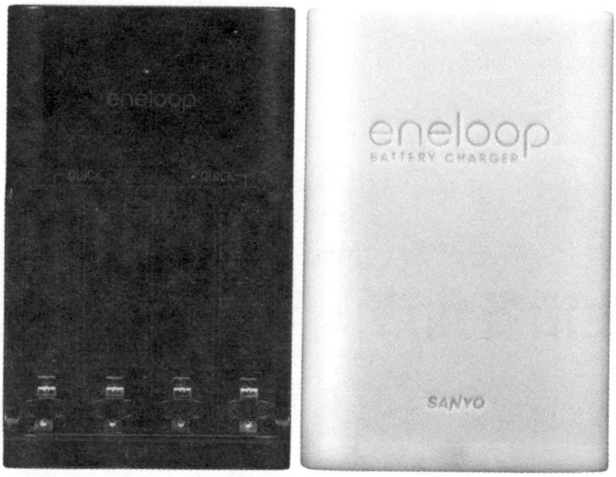

公司将与 eneloop pro 和 eneloop plus 相配套的充电器“单3形 4 只充电器套装”一并发售。与 eneloop pro 相配套的黑色充电器（左）是新发售的色彩。eneloop pro 的套装于 2011 年 9 月 21 日发售。右侧的白色充电器与电池 eneloop plus 的套装于同年 12 月 1 日发售。

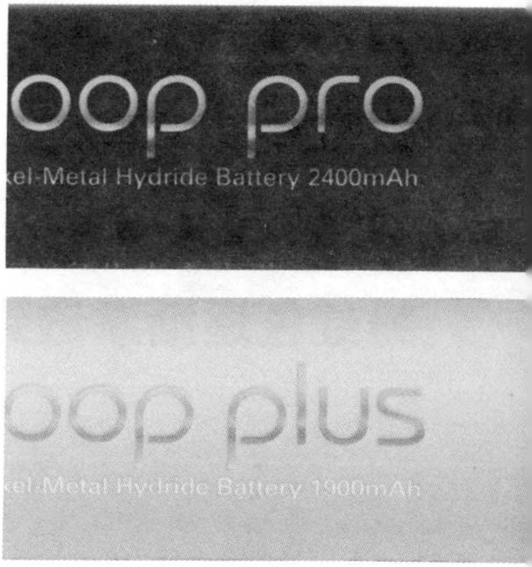

eneloop pro 的黑色表面涂有耀眼的亮色（上）。eneloop plus 则在白色上涂有暗色（下）。远看只是单纯的黑与白，拿在手里便会看出与用户使用场景相吻合的质感。

主妇传递“快乐”“可爱”的讯息。它们装点了人们的生活。

“eneloop tones glitter”面向15~20岁的顾客。这款织进金属线的eneloop产品使用8款耀眼的颜色，吸引青年顾客。起初设计师们讨论过使用粉红色和白色搭配，不过最终发展为可分开使用的8款颜色。该产品也已售罄。

总之，eneloop超越品牌的色彩设计会在无声中引导顾客。它们不拘泥于品牌的颜色，而是面向消费者不同的生活状态，努力扩大用户群。可以说这些色彩设计迎合了现代多种生活风格的特征。

03

Elecom/除了 SWEET PALETTE之外

粉红色逐渐渗透到生活各角落

粉红色如今与常规色的黑、白比肩，成为色彩中的重要角色。它曾是女性的心头好，但如今男士选择粉红色的比例在增加，他们在选择手机或时尚的随身物品时越来越多地选择粉红色。

粉红色是可以向人们传递温柔、生命的希望等积极理念的颜色。东日本大地震后，作为传递新价值的颜色，粉红色广受瞩目（参照第36页）。Elecom便是一家率先认识到粉红色的价值，在产品的色彩设计中大胆选用粉红色的企业。

对于高度关注粉红色的女性而言，体重秤是生活的必需品。话虽如此，在设计上受女性喜爱的体重秤却很少。Elecom商品开发部的山下绘香这样评述道："可能是以男性视角开发的缘故，许多体重秤重视功能性，采用男性喜欢的设计，从而没能彻底抓牢女性消费者的心。"

将深浅不一的粉红色重叠使用

Elecom采用了将浓淡不一的粉红色加以叠加的手法。该手法常用于时尚领域。Elecom以女性为目标，设计并发售"SWEET PALETTE"系列的新款体重秤。

Design Active

粉红

||

可让男女充满活力

Elecom 的体重秤“SWEET PALETTE”有 3 种粉红色，适合不同年龄层的女性用户。

便于收纳和携带的迷你体重秤。该款仍采用粉红色系。

Elecom将浓淡不一的色彩进行叠加，这被称为“Faux-Camaieu”配色，是利用同色系不同色相相组合，演绎出统一感的方法。此种配色法在时尚界并不鲜见，但制造业的产品设计者们之前并未引进。此次运用于时尚体重秤上，成功打动了女性消费者的心。

但是，如果认为只要将以男性视角设计出的体重秤换上“粉红色”便会得到女性的支持，那就大错特错了。因为女性虽喜欢粉红色，但各年龄段的喜好还是有差异的。为了应对这些差异，Elecom准备了粉红色系的色彩拼盘。对此，山下做出如下说明：“淡粉色面向年轻人，对高龄女性则过于可爱，于是我们为这一年龄层的女性精心设计了深粉色”。

对于粉红色的体重秤，我们可以随意改变它在家庭内的位置。在此之前，体重秤总是放在换衣间的角落，不用时收起来，怎么看都是不起眼的。但是“变成粉红色后，即使有客人来访，也可堂堂正正地放在能看得见的地方”（山下说）。

电源插线板也采用亮色

家庭和办公室里另一个不起眼的存在便是电源插线板，将远离电源插座的电脑、电视等家用电器通上电的工具。它们多数时候尽可能不进入人们的视线，置于书桌下或墙角。但是这些对家用电器起配角作用的插线板，Elecom也积极为其引入了粉红色。

商品开发部开发1科的岛村晃说明：“特别是在一般家庭中，位于电视或电脑附近的插线板，很难完全隐身，有时会不经意间闯入视线范围。既然藏不住，倒不如采用令人愉悦的粉红色、黄绿色，让使用者的心情明朗起来。”

电源插线板的销售现状是，最受欢迎的是白色款。而在彩色插线板中，“褐色和粉红色占压倒性多数”（岛村说）。黄绿色插线板虽也在销售，但销量比计划中的少，有库存现象。但是最近几年，在室内装饰物和家电产品中，黄绿色商品有所增加。因此消费者逐渐习惯了黄绿色，在购买插线板时也越来越多地购买黄绿色产品，这使黄绿色插线板的销量有所上升。

继黑与白后，粉红色大受欢迎

对于每天面对电脑工作的人们而言，电脑是频繁接触的一种存在物。因此我们希望通过选择自己喜欢的颜色，为用户带来心理上的舒缓或活力。

Elecom率先开展了多色鼠标的销售。最新一款是2011年5月发售的“MICRO GRAST SWITCH”。在该产品的不同色彩中，销量第1的是黑色，第2是白色，第3是粉红色，之后依次为银灰色和红色。该数据显示，粉红色成为继黑、白之后的又一畅销色。山下说明道：“从销售情况判断，若只是女性购买粉红色，是不可能有这样的销量的。”可见也有很多男性消费

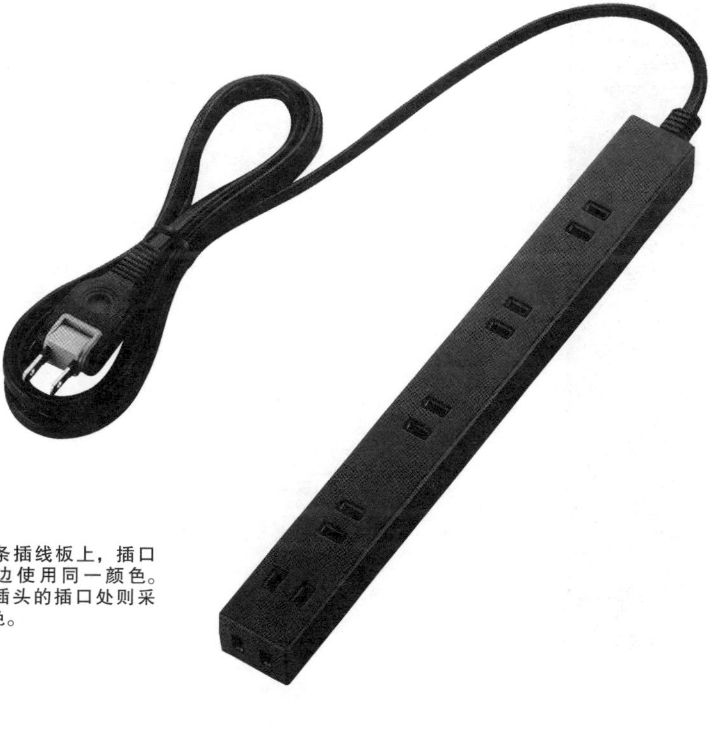

细长条插线板上，插口与周边使用同一颜色。电源插头的插口处则采用白色。

者选择了粉红色。

该公司曾于2011年发售了集齐12款颜色的“GRAST”系列，受到广泛关注。那之后，其他公司紧随其后也发售了彩色鼠标。因此，Elecom为在竞争中突出重围，在最新设计中增加了粉红、黄绿、蓝绿色等流行色。商品供应开发部的佐藤庆太说：“我们希望通过高饱和度与光泽感，提升商品的时尚感和好感度。”

东日本大地震已过去数月，日本社会也逐渐摆脱了暂时的混乱期。曾频发的余震已渐渐平息，核发电厂的问题虽仍无头绪，但消费者的心理至少在表面上

此前的电源插座均为白色（左）。而用户反映希望完全用粉红色，所以长条线板的插座口周围都统一使用了粉红色。

已恢复平静。震灾给消费者带来了严重的心理创伤，因此我们可以认为，人们在潜意识中想要将生活变得亮丽，想要获得活力。

从这一角度出发，我们还可以在其他更多的商品中尝试使用粉红色，为消费者带来更多的正能量，相信未来粉红色的应用会越来越广泛。

Elecom 的鼠标“MICRO GRAST SWITCH”有 8 色：黑色、蓝色、绿色、粉红色、紫色、红色、银色、白色。市面售价为 1300 日元左右。

04

DICLASSE/Cloon

逐渐成为室内装饰物的防灾商品

过去，防灾商品强调紧急状况时使用的功能性和户外环境下的耐用性等。如今这些物品的外形和色彩也逐渐被人们重视起来。因为人们再次认识到了它们作为日常必备品的重要性。人们对该类商品的要求，不仅是在发生灾害时提供便利性，在设计上也希望能起到安抚心灵的作用。

以原创照明器具为中心，制造、拆卸、销售室内装饰百货的DICLASSE，在新商品充电式LED提灯“Cloon”中，便加入了女性消费者在意的色彩方面的考量。虽然产品的基础是中国制造的商品，但该公司原创出了豆沙绿、熏衣草紫、浅灰色这3种颜色。3款均是柔和色调。它们与覆盖至开关的ABS树脂在柔和感上相得益彰，给人留下更加温柔的印象。该系列色彩主攻的客户群为25~30岁的职场女性。

迅速应对灾后的变化

此次东日本大地震后，DICLASSE通过NPO法人地球基金向灾区寄送了常规电池式和太阳能充电式的LED小夜灯，合计1700个。这些商品虽被定位为装饰用灯，但灾后比灾前多出了约5倍的订单。受灾区高需求的影响，公司决定将其定位为防灾用品。

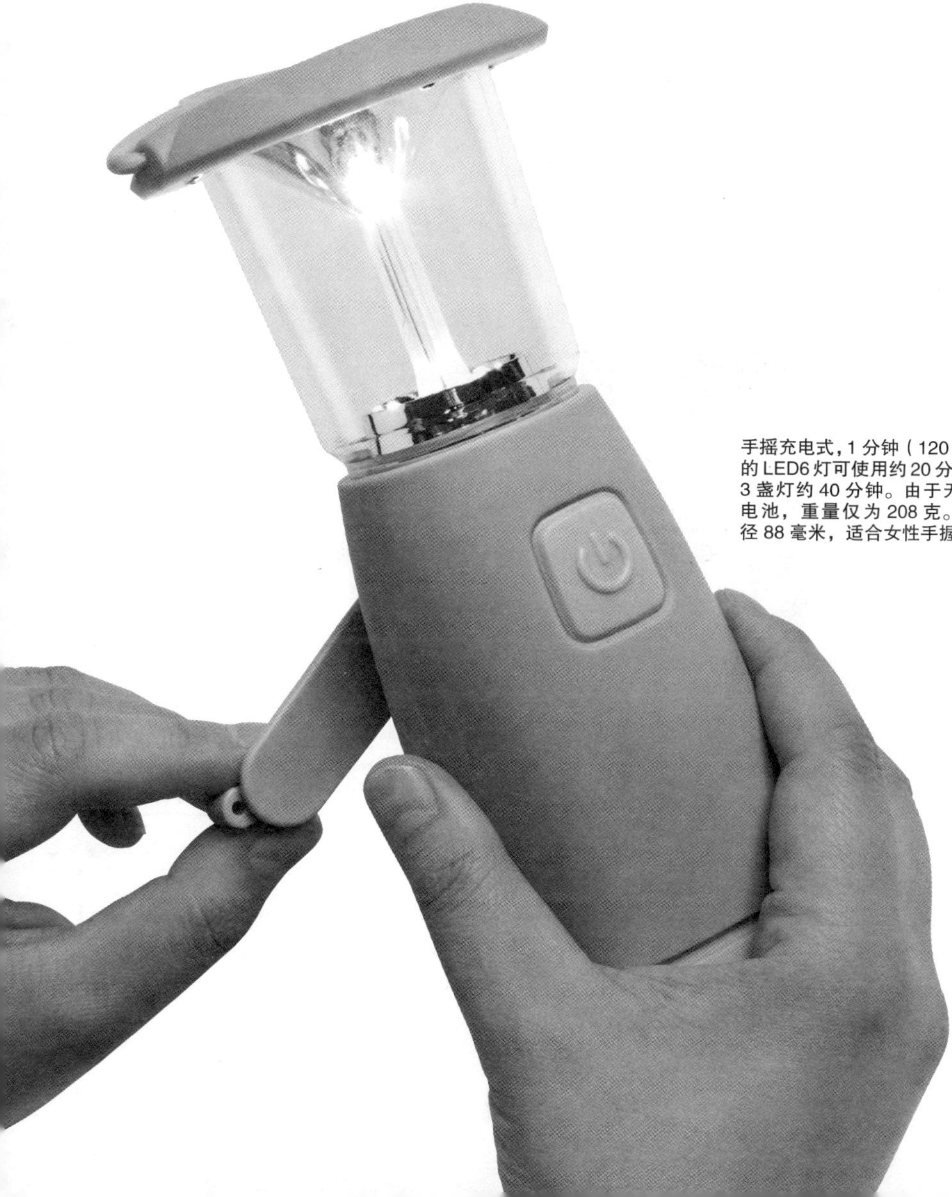

手摇充电式，1 分钟（120 圈）的 LED6 灯可使用约 20 分钟。3 盏灯约 40 分钟。由于无需电池，重量仅为 208 克。直径 88 毫米，适合女性手握。

Design Active

豆沙绿

||

女性大爱的治愈系色彩

“迄今为止的防灾用品中，无论是电筒还是灯笼，均以黑色或银色为主，给人生硬刻板的印象。正因为是紧急状态下随身携带的防灾品，我们精心为女性设计了具有亲切感的色彩。”项目组福冈桃子就拓展色彩的背景做如此阐述。Cloon的3色以品牌主题色的法兰西绿、法兰西紫为基调，加上令人感到亲近自然的“花园”要素。考虑到缓和灾区人民易紧张的心理，我们将主题色定位为“明快”。豆沙绿象征嫩嫩的新芽，熏衣草紫让人联想到可爱的花儿，灰色则是与花草相调和的石阶。

明媚柔和的色彩适合各种室内环境。正因为是必须放在手边的防灾商品，这就要求不仅是功能，在装饰性方面也必须牢牢抓住女性心理。该商品用于突发灾害和大规模停电状况，通过柔和的色彩搭配，起到令心灵平静的效果。不仅日常美化房间，在非常时刻也能发挥作用。

左起豆沙绿、熏衣草紫、灰色。太阳能充电。充电 8 小时可使用 40 分钟。2011 年 7 月发售。2940 日元（含税）。

05

膳魔师保温锅

装点美味的餐桌

这是一款橙色的锅。从这款锅里盛出的菜肴想必一定很美味。

令人产生如此联想的彩色制品，便是膳魔师保温烹饪器“ShuttleChef”。该产品由烹饪锅和保温容器组成一套。烹饪锅一经煮沸，就放入保温容器中，依靠余温继续烹饪。该产品直径30cm，高15cm，放置在餐桌上占相当大的面积。正因为它会大大影响餐桌的视觉效果，所以才更有必要进行色彩设计。

该产品的配色有2种，橙色和黄绿色，分别命名为胡萝卜色和生菜色。该公司商品企划科的馆川明子说明道："我们采用的是能仅凭视觉便能引起食欲的颜色。除了橙色，我们还为时尚人群增加了令人联想到鲜嫩菜叶的黄绿色。"

节能和减少CO_2排放

该产品销售至今已有20年。发售之初的设计是不锈钢原色加直线条的风格。后来采纳以女性为主的顾客群的意见，转变为更加柔和的设计风格。选用的颜色具有置于饭桌时可提升气氛，令菜肴显得更加美味的效果。

该锅可利用加热后的余温继续烹饪。除此之外，还具备优良的保温功能。和传统锅具相比，具有可节约能源、减少二氧化碳排放的优势。东日本大地震后，该产品的关注度有所上升。

在实际操作中，首先将食材放入烹饪锅里煮沸。之后将锅放入保温容器中，用余热继续加热。待加热结束后，连保温容器一起端上桌，盛入盘中。例如，做奶油炖菜时，在锅内煮沸5分钟，放入保温容器30分钟后烹饪即结束。和传统锅具相比，加热时间变短了，放入保温容器后可长时间保持热度，令节能成为可能。同时和燃气相比，1年可削减71.8千克二氧化碳的排放量。正因有如此特点，当日本计划限电时，前来咨询的顾客越来越多。

既能抑制用电用气量，又可点亮餐桌氛围。从这一点上说，该产品实为今后生活必需的精巧设计。

餐桌的色彩更加丰富

自从2009年起，受硅制蒸锅普及的影响，厨房用品和烹饪器具中采用明亮色彩的风潮迅速蔓延。对此，馆川说：“我认为餐桌或厨房采用明亮色彩的这一趋势今后不会改变。特别是震灾后日本社会处于不安定状态，安心吃饭的重要性有所上升。这就要求锅具采用明亮的色彩，令人愉快地享用三餐。”

Design Active

橙色

||

令人食欲大增

明亮的黄绿色，名为“生菜色”。柔和的颜色令餐桌更加温馨。

THERMOS“ShuttleChef”。容量为 3 升。价格 21000 日元。该系列发售至今已有 20 年，总销量约为 340 万台。

06

SUNSTAR/GUM advance dental

给目标用户最贴心的设计

2011年4月SUNSTAR为“GUM advance dental牙刷”（以下简称advance dental 牙刷）启用橙色，这是传统的GUM品牌中未曾有过的颜色。

GUM品牌高举“与牙周病抗争”的理念，于1989年推出“口腔护理牙刷”。GUM的牙刷系列在日本国内市场的占有率为11%（2010年度），是日本牙刷的第一品牌。

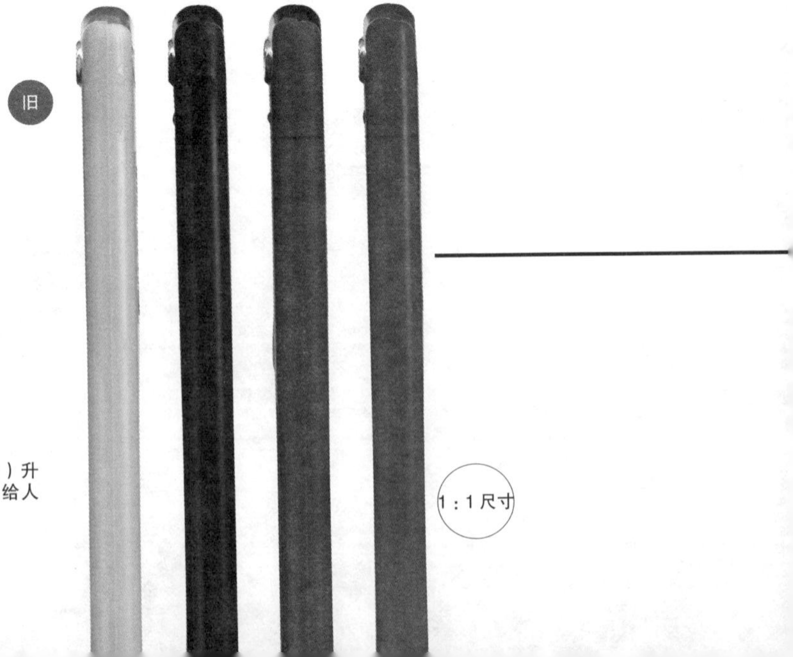

从传统硅材牙刷（右）升级为使用透明素材，给人明亮印象的改装版。

何谓患者的严重问题？

橙色的advance dental牙刷是GUM的牙刷中最针对牙周病患者的一款。对患者而言，能否在药店等卖场陈列的众多商品中选出适合自己症状的产品，这是个棘手的问题。明亮鲜艳的新色彩可令患者眼前一亮。

传统advance dental牙刷的最大问题在于没有将商品适用于牙周病加重、牙龈变弱等症状的特性准确传递给消费者。甚至有种误解：人们认为advance dental牙刷和GUM其他牙刷相比就是价格高。所以只是“加了价”的牙刷。因此，有必要区别于其他GUM浅色牙刷，采用个性感强的深色，以强调针对牙周病更加有力的商品宣传。

SUNSTAR在改造时曾做过消费者调查。原本他们设想advance dental牙刷适用于45岁以上的用户。所以他们一直准备高龄人喜爱的，有质感且低调的颜色。但是拿着样品询问消费者喜欢哪种颜色时，人们大多喜爱明亮的色彩。这一点令设计人员颇感意外。

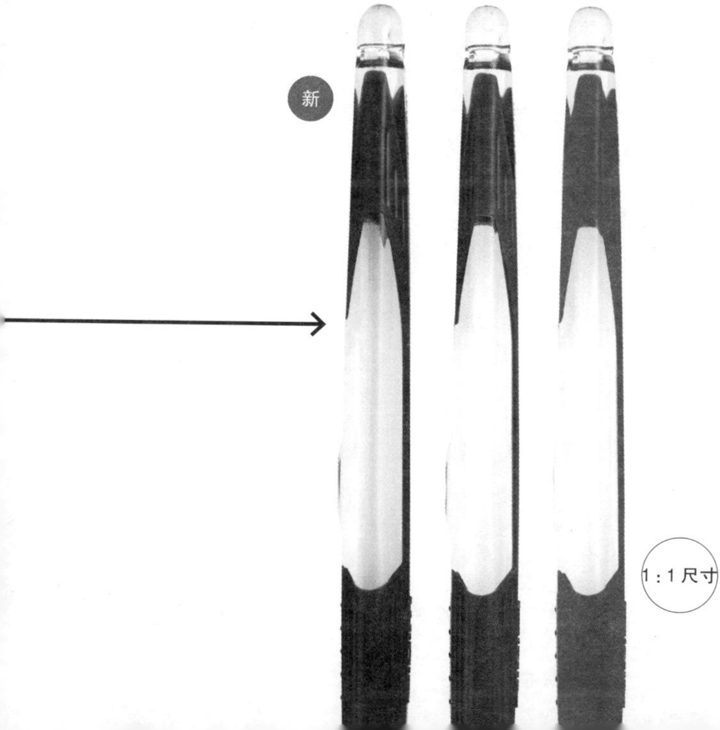

从这一调查结果，我们可知：第一，advance dental牙刷正在被年轻人使用。据说30岁人群中80%有牙周病。牙周病不再只是年长者专属的疾病；第二，不论年龄大小，人们都钟爱明亮的色彩。洗漱台上摆放这一抹亮色，会令人心情愉悦。

基于上述结果，终于诞生了新的配色方案。采用了与其他GUM牙刷截然不同的4色：橙、红、蓝、绿。这便是擅长牙周护理的advance dental牙刷色彩设计的由来。

在这次改造中，设计者们不仅改变了色彩，还改变了手柄的形状。据说使用这种类似手握铅笔的六角形手柄设计后，会比以往更利于轻柔地对待牙龈。通过对颜色和形状的改良，更有利于向牙周病患者展开宣传。

比品牌色更关键的颜色

SUNSTAR除了做细节上的调整，几乎没有大幅度地改变过GUM牙刷的颜色。自1989年起持续使用的柔和色调已成为GUM的品牌象征。一款拥有众多顾客的商品，改变其颜色可谓风险甚高。

长久以来，一直很珍惜品牌式柔色的GUM，此次大胆换色，源自他们做出了明确的判断：牙周病患者必需advance dental牙刷。GUM能为这一顾客群提供体贴、周到的商品。

GUM牙刷至今已近20款，未曾出现过的橙色、红色款在节电卖场的环境里格外显眼。SUNSTAR市场部品牌战略团队的山崎刚说：“万物沉寂的时候，正需要那一抹亮色指引方向。应对这一动向，制造商果断地更换了颜色。”

1:1尺寸

2011 年 4 月更新的 SUNSTAR “GUM advance dental 牙刷”。起用鲜亮的橙色、手柄改用六角形。该产品向顾客加强了针对牙周病的设计理念的宣传。

Design Active

橙色

||

牙周病患者的印象

日本流行色协会

勇敢地使用吧！治愈疲惫心灵的色彩

日本流行色协会每季发布时尚或产品的色彩流行趋势等信息。该协会的“inter-color2011/12秋冬（*inter-color是世界14国齐集一堂，探讨今后两年的流行色，选定色彩方向的大会。有面向春夏季和秋冬季两场。日本流行色协会作为日方代表参加该会。——编者注）”于2011年3月11日东日本大地震前发表了色彩流行趋势预测。并且，震后该协会并未改变这一预测。

对此，该协会的理由是：全世界恐怖主义和自然灾害频发的21世纪的最初10年已过去，第2个10年正要开始。此时，人类高举希望前行，拥有新价值观。该协会判断，东日本大地震后日本会迎来明朗的未来，这些新色彩可为日本社会和市场注入活力。

在该协会2011/12年秋冬推崇的新色彩中，本刊关注这3组：粉红色组合、耀眼的黄色和白色组合、能洗净心灵的鲜绿色和蓝色组合。就上述色彩的寓意和用法，我们请教了色彩趋势战略小组的创意总监大泽熏。

联结心与心的粉红

首先我们关注粉红色。在《日经设计》的采访中我们可知：粉红色不仅在时尚界，在制造业也被广泛使用。这是为什么呢？

“粉红色不仅表现可爱，还有联结心与心的效果。可有效寄托人性与生俱来的友善、在互助中生存下去的希望等各种积极的信息。”（大泽

创意总监）

粉红色不仅和白色易于搭配，还通过和黄色或紫色的调和拥有从浅粉至洋红的广泛色域。虽容易混淆，但它是我们应该作为候补的色彩。

“我们现在所追求的印象是点亮未来的‘光’。表现该主题的色彩便是热情的黄色和耀眼的白色。它们会提升整体的亮度，对当下以社会复兴为目标的日本而言，正是应广泛使用的颜色。所以我们有此提案。”（大泽创意总监）

点亮未来的黄与白

黄色不仅作为黄色使用，还可作为增强光芒度的金色使用。此外也常常被拿来与令人联想水果的橙色一起使用。这些以黄色为中心的色彩是令人有畅爽感的色调。但若和令人产生幻觉的色调一起使用时，好感度会一落千丈，因此使用时还须特别留意。

拥有净化力的蓝与绿

“蓝与绿是表现天空、大海、绿叶等自然物的不二之选。近来它们也开始被用来表现自然净化力。它们拥有新鲜蔬菜或水果的那份清爽和鲜泽，用于背景色效果不错。”（大泽创意总监）

蓝与绿不仅可在宏观上表现自然环境，例如海洋、天空、森林，在微观上也给人们带来生命感和净化力，例如蔬菜、水果、树芽儿。这时，不仅是色彩的设定，素材和后期加工也要充分考虑才行。

最后，对于今后日本应较快使用的色彩，大泽总监推荐红色。若能正确使用能够积极表现生命和意义的红色，可传递强有力的正能量。

2011–2012年秋冬inter-color决定色

The Color Flow for the future（未来色彩趋势）

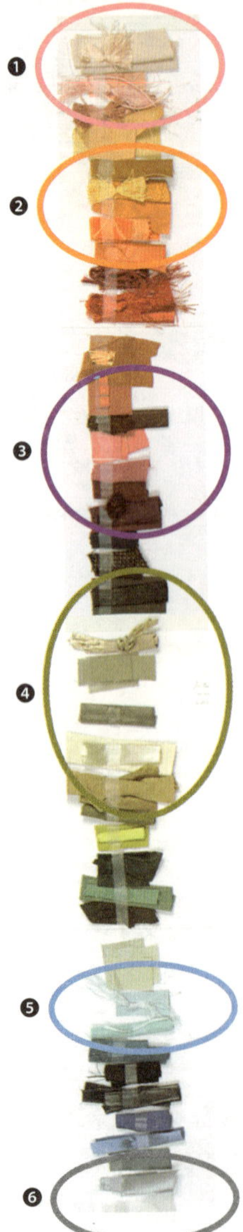

粉红色拥有广泛的色域，吸引着人们的眼球。黄色至橙色、明亮的绿色至蓝色，这些均以新鲜色彩著称。①和③是粉红色中由黄色发展而来的鲑肉色，强烈的品红色调引人注目。②表现丰富滋养的黄色至橙色。④起到平衡效果，意蕴各具神韵的中间色彩⑤薄荷蓝、薄荷绿⑥纯白色的出现是近年的新倾向。不过，应尽量选择表现自然、温和的素材。

2012 年春夏产品＆室内装饰色彩 主题出自“源于共生的清新能量”

风铃敲击的感觉、湿润的、清澈的、自然的、冰冷的、知性的

微妙的、偏粉红色的灰色、光的效果、复杂的表情、牛奶般、不透明、石灰

凹凸不平，粗糙感、异国风情、脆弱、珊瑚般质感

继承 2011-2012 年秋冬的色彩趋势。通过素材感或后期加工表现新鲜度。

此处介绍的色彩趋势，是今后有望流行的色彩群。它们不该是轻率选取，时兴时衰的颜色，而必须明确所用色彩的意义，并积极传递给用户。人们正需可寄托未来的明亮色彩，同时也追求生活的安定和安心。谁都不想动摇这种心情。

07

Skynet Asia 航空 / Solaseed Air

重树品牌的品牌色

2011年夏，迎来就航10年的Skynet Asia航空（宫崎市）对CI（corporate identity）进行全面的再认识，并发布了“Solaseed Air”新品牌。“Solaseed Air”是“sola天空”和“seed种子”的合成词。

随着新品牌的导入，品牌色和机体设计也需要焕然一新。2009年秋天，开始了CI顾问和工程团队的运作，经过公司内外的问卷调查，最终选定的颜色是航空公司鲜少触及的阿月浑子树的浅黄绿色。这款颜色可令人感受到明亮的未来和成长的青春。

Skynet Asia航空是继Mark Airlines（现Skymark）、北海道国际航空后的新航空公司之一。它的口号是“宫崎之翼”。原机体设计是以南国宫崎的太阳、树（凤凰树）、大海为主题，使用粉红、绿色、深蓝、黄、绿等华丽的色彩。

然而从实际效果看来，品牌效应并不理想。

“当重新审视CI时，我们对员工和顾客都进行了问卷调查。在问及公司品牌色时，有人回答深蓝色，有人回答粉红色。自我评价与给客人留下的印象反差很大。我们再次深刻认识到品牌形象的不到位。”（企划部池田直子）

机体腹部涂上名字，这是因为地方机场的乘客登机口离跑道的距离很近。乘客飞机离着陆时可看到机腹。机内客舱的内饰和员工制服营造出清爽、明亮的氛围。

Solaseed Air

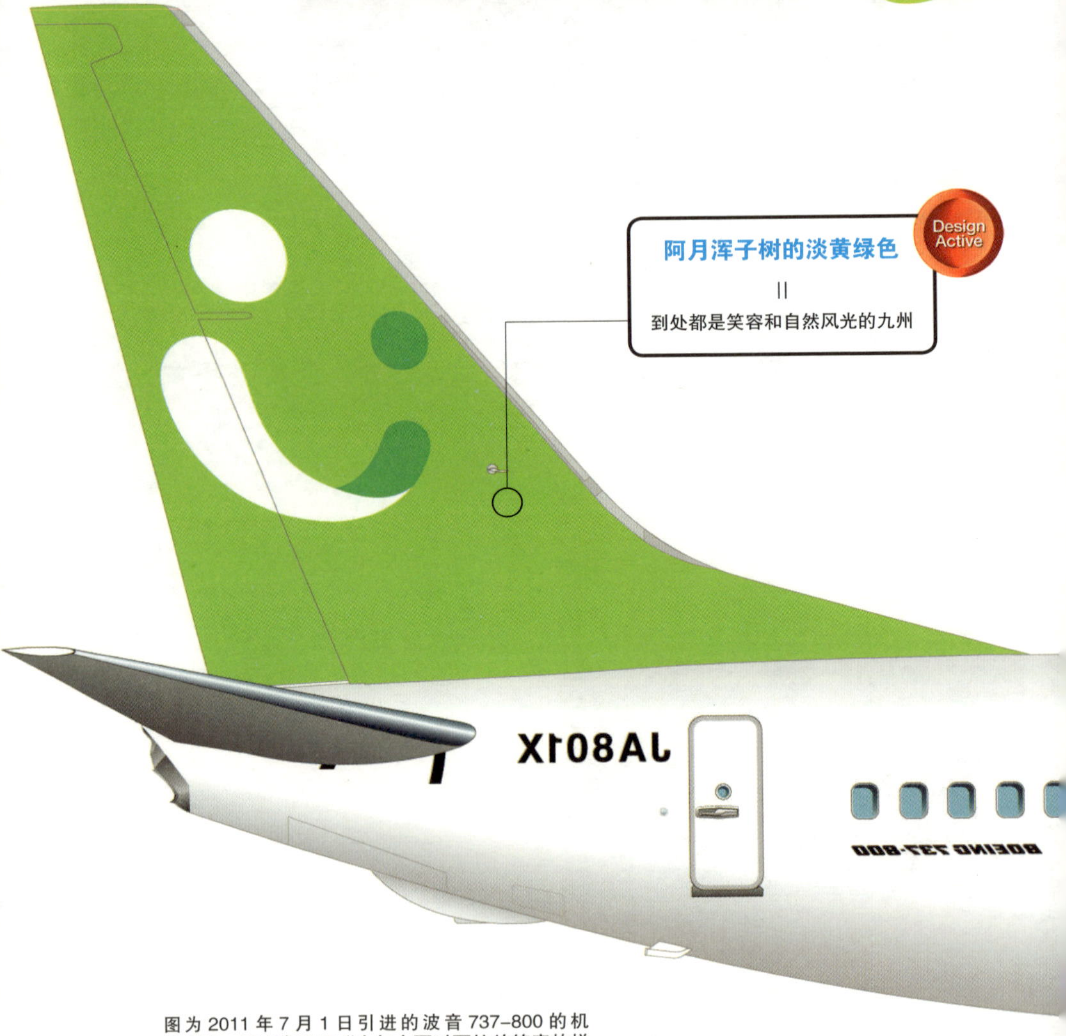

图为 2011 年 7 月 1 日引进的波音 737-800 的机体设计。标志表现了“人与人面对面绽放笑容的样子”“笑容的种子不断成长”。这一品牌的新概念为“天空播撒的微笑种子”。

中坚、年轻员工选出的色彩

为打破这一状况，工程人员对品牌的中心价值冥思苦想。员工们迄今为止最看重的印象，今后应努力打造的印象……平均年龄33岁的30名成员共同对这些问题展开思考，最终得出了以下2点。

一是笑容和亲和力；二是九州生机勃勃的印象。位于宫崎县的该公司现已拥有东京–九州等9条航线，成为“九州之翼”。

表现这些本质的候选色有3种：橙色、粉红色和阿月浑子树的浅黄绿色。其中，浅黄绿色受到最多的支持。对机体进行设计一事有时间表，必须在品牌名确定之前即确定好公司的品牌色，而管理层并未对该款浅黄绿色表示反对。

事务局企划部的武田加奈子回忆道：“当最终决定是这款颜色时，员工们感觉心都凝聚在一起了。我们感受到了那抹新绿色的生命力和成长力。大家共享同一个梦想。”

2010年4月，公司决定将阿月浑子树浅黄绿色定为品牌色。一年后，因东日本大地震很多人的意识都发生了巨变。池田说：“客人的反映非常好。震灾后，人们珍惜笑脸、自然和生命的心情更加强烈。所以我确信我们没有选错方向。”

08

Peach aviation / Peach

将关键色定为插入色的挑战

红色和粉红色的中间色——紫红色覆盖了整个机体，这一颜色引起了人们的兴趣，留下深刻的印象。

LCC（格安航空公司）的航线Peach以大阪关西国际机场为据点，其机体的紫红色并非它们决胜的关键色。重点是尾翼部分那一抹粉红色。该公司想以低价票为武器，提供覆盖常规航线的飞行服务。而诠释这一印象的正是不仅可爱且更具酷感的那一抹插入色。

“机体的设计要体现品牌名或主题概念。”说这番话的是Peach aviation营业总部市场＆交流部的市场主管岩本星雨。

机体非粉红色的原因

根据Peach这一品牌名，起初讨论的是以粉红为主体的机身设计。可是提供低价航班的Peach，其锁定的目标对象与其说是频繁使用ANA或日本航空的商人，倒不如说是因价格原因不乘坐高价航空的学生等年轻人群。因此，无论是女性所接受的“可爱的粉红色”，还是男性所接受的“帅气的粉红色”，都无法涵盖全体目标顾客。

根据色彩浓淡的不同，粉红色留给人们印象有很大差异。例如，偏紫的粉红色虽有男女平等主义的特征，但冲击力太强；樱花般的淡粉红色给人柔和的印象，但冲击力太弱。仅凭浓淡便有如此微妙的含义变化。岩本

现代且不失厚重感的内部装饰

主管说："在紫红色中插入淡粉红色，这一配色组合调和了可爱与帅气，实现了'萌与酷'完美结合的机体设计。"

Peach人通过这一配色向顾客宣布自己是前所未有的航空公司。peach不仅出售低价机票，为了给顾客提供前所未有的航空体验，他们还研究员工该穿怎样的制服。为打造航空公司的新颖性，他们煞费苦心，甚至连机体设计也纳入思考范围。这便是机体传媒。

尾翼插入粉红色，也正是这一努力的体现。尾翼部分的设计能强烈体现出航线的自我定位。在尾翼至机体上醒目地印上航线名，这在世界范围内亦属罕见。这可以在机场中提升飞机的存在感。

"Peach"这个名字也是区别于别家航空公司的手段。很多公司都用含“航空”或“air”字样的名称。在这种情况下，他们尝试取一个令人无法判断是航空公司的名字。这超越了现有航空公司的概念，令人们联想到“这是移动手段的新选择”。另外，LCC的竞争对手不仅是航空公司，还包括新干线和长途巴士。

年利用者600万人次的目标

Peach人不仅想在日本，甚至在全亚洲都要努力打造被人们所接受的新型航空文化。不仅接待经济低迷环境下的日本国内顾客，也要吸引亚洲游客。他们认为，成为亚洲的空中之桥是peach的使命。2012年3月，peach开始往返于新千岁机场和福冈机场间，同年5月，又在韩国仁川机场启航。他们的目标是在航行5年后实现年搭载旅客600万人次。

努力开拓新市场的Peach吸引着因日本核事故而减少的海外游客，他们与日本的复兴共成长。作为标志的粉红插入色象征着Peach所做的新挑战，可谓决胜千里的关键色。

尾翼标志印上粉红色，整个机体大胆使用红色与粉红色的中间色——紫红。以又萌又酷的机体设计加入航空市场。

大胆的用色、尾翼处无限延伸的 Logo、引擎处的 URL 和机体下部的色彩，这些崭新的表现方式无不宣告着自己是前所未有的航空公司。

09

JR九州纵贯线

沿线居民与色彩共享开通的喜悦

2011年3月12日，连接九州7县的九州新干线终于开通了。为宣传其开通，JR九州公司有效利用彩虹色，提升沿线居民激动的心情，进而产生一体感。

活动前的宣传资料约1600份，3000份登有活动照片的海报出现在九州沿线各站点。

该公司在开通前的2月20日，从鹿儿岛中央站至博多站，拉开了新干线的庆祝开通活动。活动当天，行驶的新干线车体上有红、橙、青、蓝、绿、紫、黄7色带的包装。

JR九州营业部销售一科的宣传员贺来宽子说明道："此次活动的目的是让大家一同庆贺盼望已久的开通。为烘托庆祝的气氛，表现新干线开通所带来的希望和梦想，我们采用了彩虹带。"7色彩虹象征着新干线串联起的九州7县。

在沿线设立的活动现场上，很多人排列出人浪的效果。大家载歌载舞，庆祝开通。当天，活动现场聚集了10525人。此外，田野里、公寓的阳台上、屋顶上也有很多人他们和家人、朋友聚在一起，身着统一的服装，挥舞着手臂表达喜悦之情。大家在活动会场举起与车体彩虹同样的横幅和旗帜，营造活动的热烈气氛，演绎出节日的效果。

复播被中断的视频

此次活动所用的新干线上搭载了摄像机，记录着身着盛装的参加者们的表演情况。当日的活动盛况，除了作为视频在电视上播出之外，还印成海报张贴在各地的车站。若在网页上浏览这一公开的视频，便会感受到九州各县的人们对新干线的热切盼望之情，及活动现场通过彩虹带传达出的欢腾气氛。

Design Active

彩虹色

||

营造地域一体感

彩虹色包装的新干线于活动当天纵贯九州。

东日本大地震给遥远的九州也带来影响，拍好的视频原本打算从3月9日播放至3月末。但考虑到受灾者的心情，JR九州于3月11日停播了该视频。然而由于Twitter等平台上要求复播的呼声此起彼伏，终于在4月23日至5月15日间再次播放。这段视频经后期处理，加工成DVD于5月15日公开发售。据说刚一发售便收到了约4500张订单。

九州新干线活动的成功在于它点燃了开通前后当地居民热切的心情。成功要因之一便是作为活动标志符号的、广受参加者喜爱的彩虹带。这抹代言了众人心情、对活动起促进作用的彩虹色，相信会在今后的复兴活动中发挥重要作用。

DIC色彩设计

向高彩度、高亮度的环保色转变

东日本大地震后，我们此前坚信不移的常识和价值观发生了巨大动摇，核发电所的问题已确定会造成长期影响。给我们的生活投下了巨大暗影。面对这一现实，我们在产品上的色彩设计需要如何应对呢?

DIC色彩设计咨询事业部的川村雅德着眼于用色彩的变换表现环保的概念。他分析道："在这之前，提起环保色给人大地色或深绿色的印象。今后，人们向高彩度、高亮度的华丽风格的需求会越来越多。"

海军蓝人气飙升

川村举例道，如花朵般给人积极印象的华丽色彩设计，有本田的小型车"FIT"所采用的明黄色。它那鲜亮的黄色在阳光下闪闪发光，是具有强烈存在感的一款色彩设计。另一例是日产的"MARCH"所采用的黄绿色。对此，川村表示："明亮的黄绿色给人充满活力且环保的积极印象。"

此外，作为用色、选色的变化，"脱黑"是不难想到的。在此之前，以汽车为代表的产品中，黑色是很受欢迎的。但是，今后黑色支持率会相对降低，取而代之的可能是蓝色、深绿、酒红等高人气颜色。此外，在时尚界，海军蓝的受欢迎程度正在攀升。

决定色彩趋势的三个要素

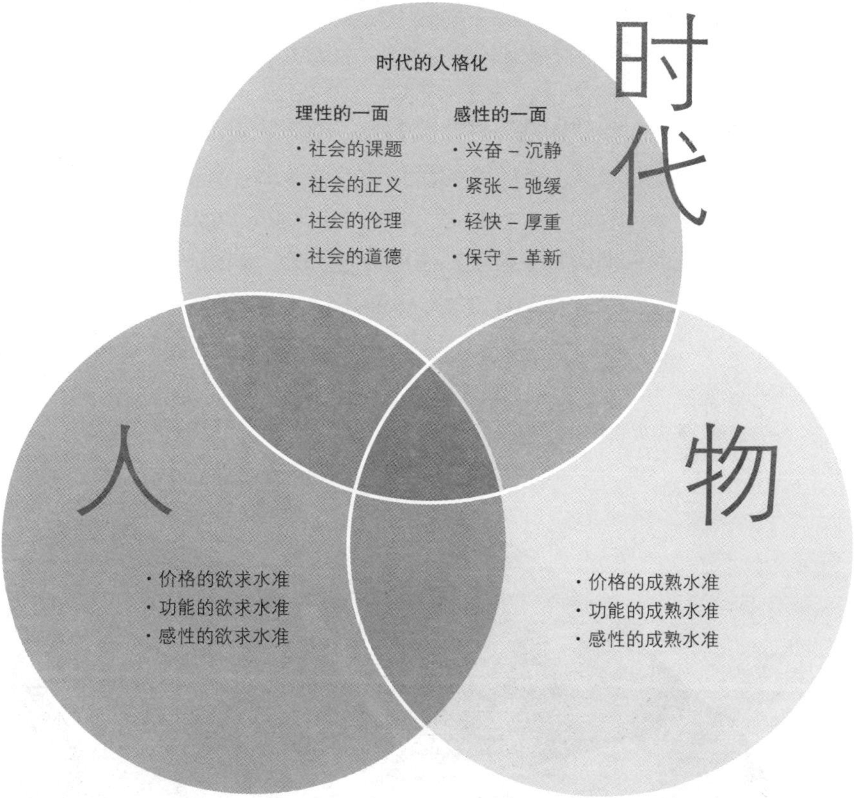

以可与地球环境共存的消费为目标

据川村说，在思考色彩设计的变化时，分析“时代”“物”“人”三要素相互间的关系是十分重要的。他说：“首先需将时代性进行人格化。时代‘人格’和人、物间应实现理想且现实的关系，通过构筑这一关系的日常行为总体，从中产生时代的趋势。”

那么，现在的时代“人格”是什么呢？“不单纯是消费，而是兼顾地球环境和可持续性的消费，越来越多的人开始具备这一意识。”

加之，东日本大地震后，整个日本都渴望活力，渴望从不安状况中解

本田“FIT”的“明黄色”，其高彩度、高亮度的黄色令人联想满溢的正能量。

放出来，这份心情日益高涨。由于形成了这一时代“人格”，人们便开始要求赋予人活力的色彩设计。

川村指出，还有许多人，他们从是否能实现生活的便利性和丰富化的视角出发选购商品。比起在组织中实现自我，越来越多的人开始重视个人价值的追求。我们必须考虑到这一点。

“色彩是心灵的救赎。”川村说。若消费者内心发生了变化，对产品和广告中的色彩需求也会发生变化。我们必须把握东日本大地震和灾后重建对消费者心理的影响，实现拯救多数人心灵的色彩设计。

日产汽车“MARCH”的黄绿色是由“环保、友好、时尚”的概念设计而出的。

10

7-11自营品牌

表现“便利店是生命线”

7-11Japan于2011年5月起对自营商品做全面更新，起用了佐藤可士和担任创意总监。对便当、三明治等“日常商品”从品牌标志、包装设计、

7-PREMIUM扩大了以女性和高龄者这一新顾客层为对象的商品阵容，成为7-11旗下核心品牌。

商品内容等作了一番更新，并将其定位为自主品牌（PR）。日常商品此前没有品牌意识，有时用店铺的标志，有时用Seven & i Holdings的企业标志。总之，各不相同。

同时，公司对“7–PREMIUM”和“7–GOLD”两大自主品牌也从根本上进行了全面更新。7–PREMIUM除了面向从儿童至高龄者这一广大顾客层以外，还针对女性的需求，扩充了商品种类。7–GOLD价格虽高，但他们以丰富家庭餐桌的专卖店为奋斗目标。

佐藤指出：“在此之前，相似的商品只在包装上有些许不同，差异化不明显。这是由于缺少纵观全局的创造者。”于是他们便“借设计之力对商品进行整合”。

SEVEN&i

一向是主力商品的日常用品，其内容也做了彻底革新。店方提升了饭团中米和海苔的品质，更通过趁米饭温热时捏成饭团的方式提升了口感。面包则通过延长发酵时间进而提升品质。Logo 也是此次更新的基本内容。整体呈正方形，不仅可单独使用，如右下角三明治所示，还可以组成纺织物般的花纹印在包装上。此外，条形码、保鲜期和成分标识也经过了统一设计。

“之所以这样做，其背景之一是零售店在10年间减少了20%，而卖场总面积却在增加。”公司首席运营官（COO）井阪隆一社长解释道。这意味着便利店向大型店铺集约的过程。

另一方面，高龄化导致更多的人出行不便，同时女性进入社会，打理家务的时间减少。因此，无法去遥远的大型店铺或没时间去的消费者越来越多。同时，除了便利店一直以来的主力商品——便当等“即食商品”，人们对“端得上饭桌的商品”“快消商品”“超市固有商品”这些商品的需求也增加起来。

对震灾迅速做出反应的便利店

震灾发生后，对消费者最早做出反应的也是便利店。虽然7–11在震灾后有600家店铺被迫停业，但以福岛核电站为中心的20几家店铺以外的店铺都在2011年5月末就恢复了营业。除东北地方的12家工厂停产，关东和北海道一度停产的工厂也于灾后39天后恢复生产。

由于90%以上的工厂是7–11商品的专用工厂，因此可以迅速重建商品供给体制。并且“在灾区的7–11店铺出售其他店铺所没有的锅、砧板、拖鞋等烹饪用具和生活用具。”这正满足了失去生活用品的受灾者的需求。佐藤说：“便利店如今是重要的生命线，是社会基础设施的一部分。”

总之，灾后的日本消费者对便利店的作用提出了新要求，此次对PB的再认识便是应对这些要求的开端。

7-GOLD 的 Logo 如左图为姜黄色。但在实际的商品包装上如下方照片所示泛着金属光泽。商品名也统一为“金牌树林”“金牌牛肉咖喱”等“金牌OO”的字样。价格方面，金牌牛肉咖喱售价为 348 日元，虽然有些高，但它不是蒸煮袋商品而是需冷藏的新鲜商品。

Design Active

GOLD

||

稍微奢侈一点儿

11

MANDOM GATSBY deodorant AQUA

捕捉男性喜好色彩的变换

MANDOM于2011年2月发售GATSBY deodorant AQUA止汗剂系列。该系列采用了男士化妆品中罕见的流行色阵容，以橙色系为首，紫色、绿色系中的2色、蓝色系中的2色，共6色。没有传统男士化妆品常用的黑、白、灰等颜色。

说起选用这些颜色的原因，第一商品开发部的科长伊藤大解释道："这是因为男性对香型的喜好发生了变化。"男性以前喜欢柑橘型和薄荷型两种香型。但是大约从5年前起，开始转变为水果系和花香系的香味。伊藤说，包装的颜色是香型的视觉化表现。例如紫色是ICE FRUITY；黄绿色是CRUSH CITRUS；橙色是FRESH SOAP。

直到发售前，人们还一直猜想仍是传统的柑橘系比较畅销吧。但是实际上是橙色系FRESH SOAP超乎想象地畅销，即"皂香味"。

今非昔比，橙色和黄色不再是销售毒药

伊藤科长说："我们没想到本是女性专属的皂香会成为男士所爱。"而且，橙色或黄色曾经是绝对的销售毒药。只在防晒霜上使用过它们。但是随着男性开始接受甜香，他们对与甜香相应的暖色系也渐渐失去了抵抗力。

GATSBY MOVING RUBBER（随意塑型发蜡）系列。因力度和质感的不同，采用不同的包装颜色。据MANDOM的用户调查，平均每人持有2.5个该产品。据说它们不仅根据不同的发型分开使用，也被当作小饰品放在包里，很多时候作为色彩搭配的主流色。

※ 彩色照片参照本书前勒口

该现象的背景之一便是日本男性逐渐呈女性化特征。男性也开始喜欢可爱的东西，甚至出现了“食草男”（安静、温和、较为消极和悲观、没有野心的男子，因其性格与温顺的食草动物有相似之处，故称之为食草男。由日本作家深泽真纪在2006年创造的流行语。——编者注）这一说法。初次挑战这一变化的是该公司于2006年发售的发蜡“GATSBY MOVING RUBBER”系列（参照60~61页图）。该系列用7种包装色表示塑型力度的大小。最强有力的“Spiky Edge”采用的是粉红色。对此，伊藤科长说：“若是以前，人们一定会用用金色或银色表示强力。”

可是这次，他们采用了过去的“销售毒药”——橙色或黄色。它们居然畅销了。魔咒解除了。但另一方面，金色如今面临濒死的境地。

“如今的日本年轻男性也普遍使用插入色或主打色这类词语了。”伊藤科长说。他们通过自身物品的色彩搭配来表现自我的能力正在提升。“男人该用这种颜色”的旧观念商品如今已不受人们青睐了。

止汗剂也不再只是消臭的商品，而是具有制造新体味的积极作用。由于震灾造成电力不足，今年的夏季似乎格外炎热，但从街道上男性的香味中可以感受到他们意识的变化。

“GATSBY deodorant AQUA”系列。橙色系的“FRESH SOAP”具有清洁感的香皂味儿；黄绿色的“CRUSH CITRUS”是新鲜柑橘系香型；绿色的“REFRESH GREEN”为绿色香型；蓝色“ISLAND MARINE”为清爽的海洋香型；深蓝色的“COLD CITRUS”和紫色的“ICE FRUITY”是增加冷感作用的香型。色、香、肌肤触感各不相同，消费者可根据喜好进行选购。

12

朝日饮料/WHITE WONDA PET 350 ml

仅凭“白色”提高销量

朝日饮料出品的白咖啡WHITE WONDA PET 350ml（下称WHITE WONDA）在网上引来热议。发售后一周内的销量超过WONDA旗下的常规商品，实在超乎想象，很快便实现了销售目标。

WHITE WONDA实现差别化的要素不是口味或素材，而是设计为白色包装的限定商品。咖啡饮料中有两种商品。一种是在市场上常销的固定商品，另一种是在限定期限内投放市场的限定商品。限定商品的作用是通过各种市场切入口，活跃市场，吸引新消费者。因此，WONDA品牌每年会向市场投放五六款限定商品。

朝日饮料市场总部的庄司弘佐解释道：“‘明明是咖啡，却是白色’。WHITE WONDA正是以此为卖点打开市场的限定商品。”大部分消费者不是在调查之后下的购买判断，而是看到商品颜色后产生惊奇或兴趣而购买。

影响年轻人的白咖啡

WHITE WONDA是该公司为数不多的面向年轻人的商品之一，是一款带有甜味的牛奶咖啡。它具备年轻人喜爱的高甜度和亲和性，在咖啡饮料中受到年轻人的追捧。同时又具备令人意外的白色包装。这些都吸引了年轻人，对市场起到了诱导作用。

WHITE WONDA的主要购买者分布在三四十岁的男性群体。20岁以下的人们尚未成为青年，购买咖啡饮料的机会很低。数据显示，十几岁的人群几乎不喝咖啡。可见把握住青壮年是拓展咖啡饮料市场的关键所在。

该款商品未采用罐装，而是采用聚酯瓶。这是由于后者可以直接显示白色液体色。聚酯瓶深受年轻人的喜爱，而目前市场上选用聚酯瓶的咖啡饮料仅有2款。这些因素促成了朝日公司选用聚酯瓶。之所以采用350ml的聚酯瓶，主要是为不怎么喝咖啡的青年所考虑。

另外，朝日公司对这款白色包装也着实下了一番功夫。事实上WHITE WONDA不是咖啡饮料，而是含少量咖啡的清凉饮料。所以不能在包装上标明“咖啡”，因此设计者在白色背景上加了咖啡豆，努力令人联想起白咖啡。

更换商品包装后大大提升销量的“WONDA特制牛奶咖啡”，是WHITE WONDA问世的重要因素。

给人安心和信任感的白色

朝日公司推出WHITE WONDA的原因之一是曾有过

起用白色的成功案例。那便是2010年10月更换包装后的“WONDA特制牛奶咖啡”。该商品包装原本是棕色和奶油色，改装为白色后销量显著上升。对此，庄司主任分析道：“白色是表现安心感和信赖感的颜色。白色包装可以向人们传递牛奶咖啡的概念，从而提升销量。”

在人们日益关心食品安全的现代，咖啡采用白色包装不仅给人惊奇感，还令人感到安心信任。我们不得不承认这是WHITE WONDA取得成功的重要原因。

颠覆咖啡常识的白色液体引发热议，这便是短时间内销售一空的朝日饮料“WHITE WONDA PET 350ml”。

Design Active

白色

||

惊奇、安心、信任

第2章 打造品牌的色彩

令人心动的→与“人生中第一辆车”相应的跃动感和质感

01

丰田汽车/丰田威姿

“革新”与“继承”产生进化

面向女性的新威姿JEWELA，是威姿以生活风格为轴心推出的新级别轿车

丰田于2010年年末发售的第3代威姿向世人描述了小型车应该具备的样子。和前代相比，经过全面改良的第3代威姿最大的改变是充满跃动感的外观设计。通过对既存小型车的重新认识，丰田赋予第3代威姿现代元素，改良了小型车概念。当然，车体的大小仍属原先的小型车范畴，灵活的奔跑与优良的反应不失小型车固有的特色。堪称是上一代小型车的进化版，是融合了革新与继承的崭新设计。

威姿自1999年以来在世界70多个国家销售（海外名称Yaris），累计销量超过350万辆，日本国内销量超过140万辆。

主打风格——“精悍帅气”

“这里没有圆溜溜的可爱的车前灯。”说这番话的是担任威姿外观设计的丰田设计部组长乡武志。新型威姿一改上一代憨厚、可爱的形象，以精悍、帅气为中心，打造令人兴奋的外形。新威姿在街上拥有不容忽视的存在感，同时以男性化印象表现属于它的奔跑活力。

定位为新一代小型车的新威姿不再是面向女性的家庭第二辆车，而是令成年男士无法抗拒的第一辆车，因为它在外观设计上追求与“人生第一辆车”这一概念相应的外观和跃动感。

新威姿的主要市场是日本和欧洲。在日本，由于环保意识的提高和油价的上升，缩小私家车的大小、选择小型车的消费者呈增加趋势。近年来，海外制造商对高品质小型车的需求正逐年增加。此外，灵活奔跑、反应优良的小型车在欧洲市场广受好评。

基于这一市场动向，努力争取更广泛的客户群，这便是堪当“人生第一辆车”的小型车。可以说，新威姿并非出于将轻型汽车大型化的想法，而是从Minivan或Sedan小型化的视点展开设计。

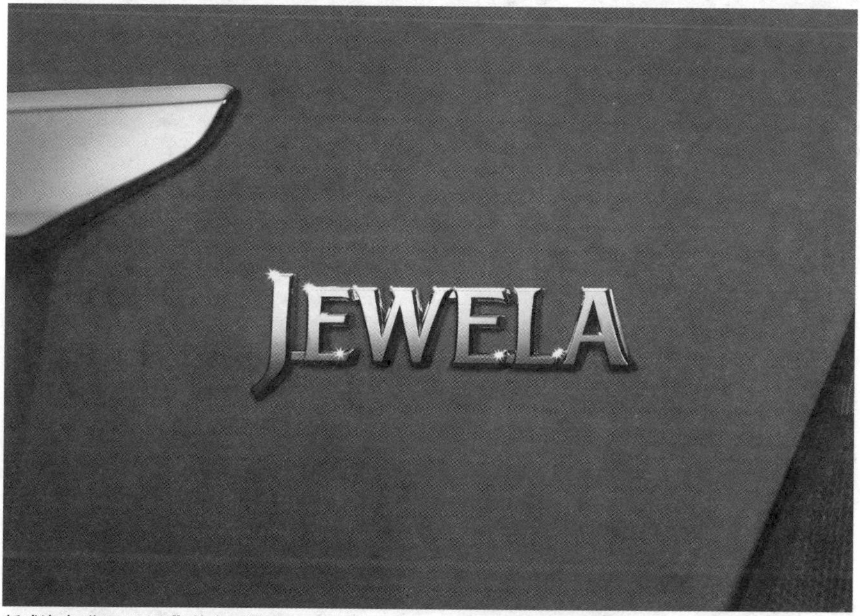

新威姿中“JEWELA”的专用徽章。

1 JEWELA 内装为松露色。2 华丽的外观色与内敛的内装色形成强烈对比，彰显卓越品质。

丰田在日本销售的小型车有Ractis和面向女性的Passo等。新威姿与它们在设计上的差别化是显著的。

以生活风格为轴心的不同等级

进化为“人生第一辆车”的新威姿用浓烈的色彩表现着这一特征，它分为“JEWELA”“F”“U”“RS”4个等级，分别以“光辉”“简约”“洗练”“成年人的奔跑”为主题。

汽车等级通常以价格为划分标准。例如使用昂贵的真皮座椅或木质嵌板。新威姿在等级上虽有些许价格差，但实际上它们是为不同的生活风格而设计的专用装备和选择。可以说，它们不是为价格，而是为符合用户的风格而设计。

这其中最具个性的是专用玫红色外观的JEWELA。JEWELA心系女性，使用专属附件，追求华丽的外观。尾部的汽车徽章设计也是专门为JEWELA精心打造的。为了充分彰显个性，甚至车轮的沟槽也不同于其他车辆。内装使用的松露色也是JEWELA的专属色。通过华丽的外观和内敛的内装设计形成强烈对比，凸显优良的品质。

新威姿在外观色方面充分体现了“光辉”这一主题。JEWELA的主题色选用玫红色，无时无刻不在彰显华丽。令人联想漆皮鞋与红唇的这一主题色正是JEWELA华丽的世界观的表现。担任色彩设计的大槻香奈说：“玫红是男性也能使用的令人兴奋的颜色。起初用于新威姿，如今几乎已成为丰田车的象征。”

总之，JEWELA的外观用色可从5种JEWELA专属色和8种新威姿的基本色中选择，内装则可选用松露色或浅灰色。

讲究触感的内装

JEWELA 在内装方面也追求着“人生第一辆车”的质感。从驾驶座的计器板到仪表盘都具有如皱褶一般的触感，而非平滑感。参与内装设计的荒木俊光(丰田设计部主任)说：“在此之前的工业设计都在追求均一感，而我们用褶皱的深浅表现人体肌肤的柔和感或情绪。”用给褶皱加上不同程度的深浅含蓄地表现驾驶的乐趣。

威姿从第一代起便是“外小内大”的定位。新威姿将车体延长了100毫米，行李箱延长了145毫米，扩大了行李存放空间。为用户准备了安放4名成人一晚住宿所需行李的空间。而计器板的曲线和与两侧门相联的仪表盘，无不演绎着宽大的空间。

虽然压低成本是小型车的绝对优势，但新威姿的身上仍随处可见细节上的考究和设计的亮点，对上一代小型车固有特征的继承与向“人生第一辆车”的进化同在。它们在日常生活里给用户带去了感动。

1

2

3

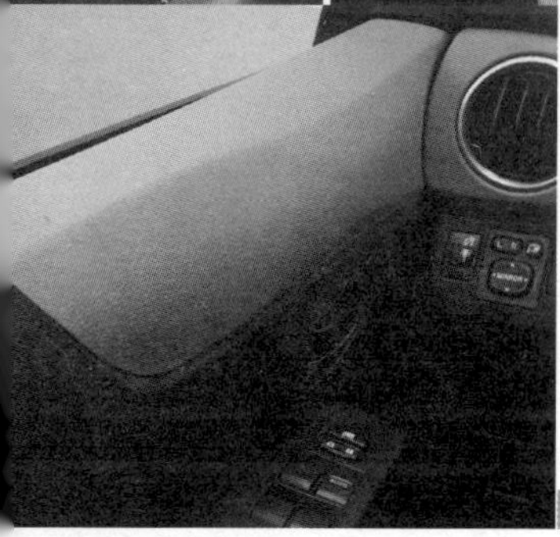

4

1 新威姿的内饰符合“人生第一辆车”的质感
2 计器板上深浅不一的皱褶
3 计器板平面上的曲线
4 仪表盘的线条与两侧门相连，以演绎宽大的空间效果。

02

丰田汽车/雷克萨斯·LFA

挑战“超跑”，改变汽车

丰田汽车的超跑雷克萨斯LFA可以说是该公司占卜未来的一块试金石。之所以这么说，是因为该公司通过LFA在设计、技术、销售方面做了前所未有的挑战。

LFA搭载4.8升V10发动机，称其为超跑乃实至名归。除了具有压倒性优势的性能，其3750万日元的售价也具压倒性。LFA的生产全球限量500辆，据说最近在日本已销售165辆，500辆的订单已被订购一空。

欣赏LFA的车体，首先吸睛的是它具有传统汽车从未有过的大胆曲面。车身整体由流畅的曲面构成。设计师们给空气流入口设计了起伏造型。车前后部设有大型护栅与进风口交相辉映，成为LFA造型的亮点。

采用树脂材料的造型

LFA为实现超跑车具备的高速奔跑性，追求最适合空气进出的设计方案，即护栅和空气流入口的形状和位置必须配置成空气最易进出的效果。此外，车体造型中，护栅和空气进入口也必须计算出空气流出的最佳效率。“空气被吸入后，沿车体在内部流动。这样一来车体整体设计须具备来自性能上的支持和更令人心动的造型表现。”雷克萨斯设计部

令人心绪飞扬↓空气流动打造出的精致曲面

车身采用 CFRP（碳素纤维强化塑料），实现了锋利的边缘线和深凹的曲面。丰田今后也会将自产的 CFRP 导入雷克萨斯以外的其他车型。车身颜色为极致白。

图为提升空气进出效率化的车头与车尾。大护栅的存在是LFA的招牌特征。

组长田名部武志这样解释道。

LFA通过采用树脂材料来实现对空力最优化的造型。这正是在LFA上雷克萨斯所作的挑战之一。LFA使用的是飞机和赛车上采用的CFRP(碳素纤维强化塑料)。CFRP比铝轻且强度高。LFA和铝合金制造相比减轻了100kg。

正因为CFRP的高强度，实现了LFA车身比铁板薄的效果。此外CFRP易塑型的特点，可实现LFA设计中可深挖和制作轮廓鲜明的边缘线的效果。

当下急速普及的双动力汽车由于搭载马达和电动双动力，因此比传统汽车重量有所增加。可以预想今后将普及的电动汽车要搭载大容量电瓶，车辆轻量化将成为研究课题。因此，可实现轻量化、提升空气性能的CFRP正是汽车所期待的材料。在开发LFA的过程中获取的对CFRP材料加工和塑型的经验，对未来电动汽车时代具有重大的意义。

从12色中选择车内色彩

LFA的仪表等界面也都与超跑相配。LFA可在跑行模式和操作模式间切换，仪表也会根据这一切换发生改变。仪表由液晶画面和金属环构成，金属环的内侧是由转速计表示的引擎转速。

金属环处于跑行状态时位于正中间的位置，当用户变更仪表的设定内容，金属环便会横向移动，根据状况表示必要的情况。此外，当引擎的转速上升时，转速计的颜色会从白变成绿，进而变成红。每当用户脚踩加速器时，记速计的颜色会发生剧烈变化，相信用户的情绪也会不由自主地被带动起来。

通过手边的影音系统操作中心，可以像电脑鼠标那样操作车载导航仪。内饰的颜色也有多种选择。

大量使用真皮的内饰也是令人激动的。例如，操作车载导航仪的影音系统操作核心和座椅等位置都用真皮完美地包裹起来。“我们利用皮革的张力塑型。”田名部组长说。皮革材料为真皮或Alcantara（类似山羊皮的人造革），除了照片中的红色还备有其他颜色以供选择。

LFA除了内饰，车体也前所未有地配备了多种颜色，用户可自由选择。雷克萨斯在LFA上所作的另一挑战便是配有多色。

涂刷5遍的极致白

LFA的车体有极致白、珍珠白、珍珠黄等10种标准色和象牙色、薄荷绿等20种特殊色，共计30种色彩可供选择。如果客户对配色有自己的要求，雷克萨斯也会尽量满足。

在这些颜色当中，最受欢迎的是79页图中的极致白。虽然图片上难以显示，实际上该款颜色会有从内侧发光般的耀眼效果。“这款极致白在开发当初便打算作为引领LFA形象的代表色。”色彩设计室的北村阳一郎解释道。

与红色和黄色相比，特殊白色很难为人所识别。但作为这一特殊颜色，这款很少被人瞩目的白色发挥出压倒性的存在感和强烈的个性表现。“我们要做出极致的白色。”北村如此思考着。通常的汽车涂装时涂2至3遍便完成了。但是极致白涂装了5遍。具体说来，在涂装2遍后使用荧光增白剂，以营造出发光的效果。

荧光增白剂会吸收阳光中看不见的紫外线，将其变为可见的紫色或深蓝色光，并具备放射功能。因此使用荧光增

图为 LFA 搭载液晶屏和金属环的组合表。仪表可根据引擎的转速发生表情和颜色的变化。

白剂的车体在日光下有发出白光的效果。

除了极致白以外，在极致白上涂装含珍珠的黄色做出的珍珠黄和省去最外层涂装的备选色——暗黑色等，每款颜色都极具个性。

车的内饰也有丰富的颜色可以选择。前后座椅和中央控制面板有红或白等12种颜色供选。另外把手和接缝也有12种颜色供选。

购买行为娱乐化

在此之前，丰田品牌从未有过如此丰富的配色设计。

丰田汽车之所以改变传统做法，扩大颜色数量，这是因为他们反省了此前以只听取厂商意见，无法完全回应客户需求的做法。对此，北村说："用户的价值观是多样的。若能提供多种颜色供用户选择，相信满意度会有所提升。"

为了让消费者尽情选择和玩味如此丰富的配色方案，丰田汽车在LFA的销售上也采取了与以往不同的方式。在销售店Lexus Gallery高轮店（东京高轮）为客人准备了LFA专用商谈室，并专门配备了2名向购买者就颜色、材料的选择给出建议的LFA责任管理员。在商谈室里，除了LFA的实体车，还展示了六分之一大小的车模。这些车模表现了所有配色方案。此外空间内还备有内装的素材样品，

座位和轮胎等多部件的颜色可逐一选择，可根据自己的喜好进行设计。

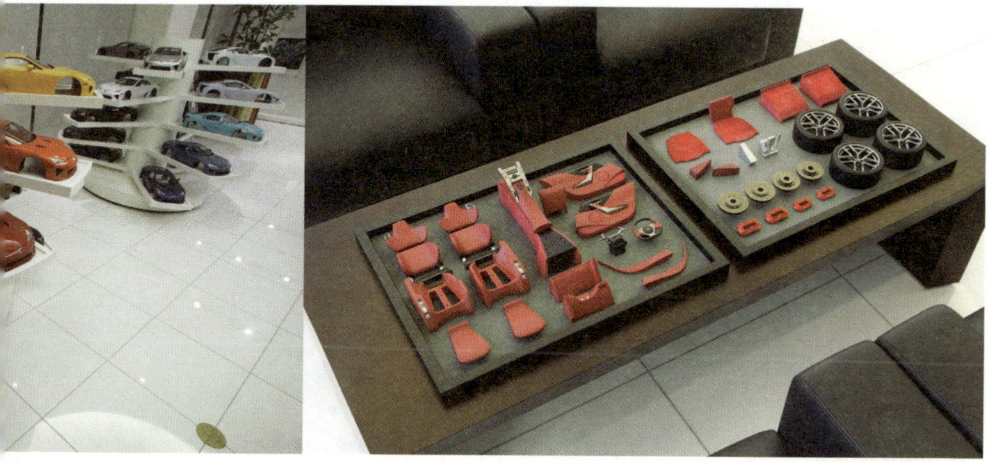

用户可拿在手里体验质感。

LFA 的预订者从日本各地赶到这里，在与管理员的商议中一步步完成自己独有的LFA。大约经过2 ~ 3个小时，商量好颜色和素材后，预订者转向拥有展示厅和涂装工艺的Megaweb（东京青海）。在那里试驾LFA，体验性能。

在六分之一车模面前搭配车体和内饰颜色，即使出现搭配错误也是愉快的经历。边参考管理员的意见，边依据自己的品味替换座位或把手，充分体验设计者的感受。通过如此过程购买的车，相信用户一定会十分喜爱的。

能否扩大LFA的经验是关键

说起购买汽车，毕竟要花为数不小的一笔钱，所以消费者常常会感受到压力。在决定好想买的车型前，往往要跑好几家店，花费大量的时间。而将购车过程娱乐化的尝试可以说是将顾客召唤至店中不可或缺的手段。

时下，年轻人远离汽车的现象已经很严重了。原因之一便是年轻人觉得对他们而言，汽车是个遥远的存在。

离年轻人较近的手机、便携式音响器材、时尚饰品等都是提供很多色彩和素材，以满足他们的多样化需求。另一方面，车虽然比起其他商品要贵很多，但色彩和素材的选择却受到限制。即使有喜欢的颜色，当做出选择时会被要求追加资金，因此年轻用户在购车时必须强忍，导致汽车厂商和年轻人的距离被渐渐拉开了。

雷克萨斯LFA所采取的配色方案和与之相伴的销售方法之所以可实践，原因之一是它的高级车定位，客户为少数人群。但是，在LFA的开发和销售中所得的经验和数据，若能有效利用于其他车型上，或许会在年轻人重新认识汽车魅力上发挥作用。

座位的质地等可根据实际手感进行确认。还可以拿到实体车的车内，查看配色效果。

Gallery 高轮（东京高轮）店中，除了 LFA 的实体车，还有六分之一的车体模型展示。用户除了可以看到所有的配色方案，还可以一边确认内饰的素材一边商谈。

03

索尼/VAIO·P系列

消光处理后使用更积极

2010年5月发售的VAIO·P系列上网本与前代机种相比可谓豹变。2009年1月发售的前代机种经抛光处理后极具高级感。其天板的颜色以矿石为主题，雅致中尽显沉着，颇具“成熟人士的电脑”氛围。

从侧面看便可充分理解“黑色坚硬的显示器用柔软毡布包裹起来”的概念。

与此相对，新机型给人流行、明亮、轻便的氛围。采用橙色、粉红、翠绿色等生动的颜色。外装经消光处理后给人橡胶般柔和的印象。为什么要大幅改变设计呢？这是因为它改变了前代机型所提供的使用价值。

提案：不变的尺寸、全新的价值

由于上网本以便携为前提，尺寸小是其卖点之一。不过新机种在尺寸上并没有变化。这是因为现有尺寸是全键盘基础上不妨碍自由使用的最小尺寸。这是在开发上一代机型时通过多种立体模型测试所得出的结论。那么不改变尺寸的新机型究竟有何魅力呢？与其他公司的上网本竞相追逐低价相比，上一代机型通过演绎高级感向客户提供完全不同的价值观。

担任新机型设计的柘植隆弘是创意中心DI设计2组的高级设计员。他说："虽说是上网本，但很多时候是放在桌上使用的，上一代机也是如此。我们想把新机型设计成让用户愿意积极带出使用，粗暴对待也无妨

为令客户轻松、积极地使用该产品而采用了生动的色彩。

的商品。”

通过设计，可在不改变尺寸和形状的前提下，对置于案头的上网本增加移动性。只消把外装设计成可抓在手中粗暴对待的效果即可。新机型的设计师们着眼于将产品设计成不仅是键盘，连天板和底面也令人忍不住伸手触摸的效果。

经抛光处理产生高级感的上一代机型容易看到指纹或皮脂的痕迹。所以设计师们考虑对其作指纹不明显的消光处理。以此产生柔和的印象，达到令人忍不住触摸的设计效果。

不过，现在的个人电脑中，抛光是主流。在这一点上VAIO是先驱。他们曾追求演绎高级感的色彩。当时在日本普遍存在一个共识，那便是消光处理无法产生高级感。所以当设计师们提案“对电脑进行消光处理”时，

给人如橡胶般柔和印象的键盘。

曾引起公司内部的强烈反对，这也是可以想象的。为了取得公司内部的理解，新机型的设计团队必须用可视化的方式讲述必须做消光处理的理由。

“包裹”设计中的讲究

“有光泽的物体给人以坚固的金属印象。消光的东西则给人如橡胶、毡布般柔和的印象。由此我们想到了‘包上’‘折叠’‘围裹’这些关键词。于是便产生了用柔软的毡布包裹起黑色坚硬的显示屏这一概念。”田中聪一（VAIO 设计团队出品人/高级设计师）如此解释道。据说田村手拿VAIO 原寸模型时，用一张苫布夹在液晶屏和键盘之间如此把本体包裹起来，起到保护作用。这一举动和经验就成了外装设计的切入口。

至于外装颜色，设计师们决定用橙色或明亮的绿色等生动颜色。这是因为大家判断这样可以演绎出轻便感，产生想要随身携带的感觉。曾给人如此印象的经典产品是意大利汽车品牌菲亚特的第一代Panda 的车体颜色。第一代Panda 采用橙色和黄绿等维他命色，在路上给人机敏的印象。这和在室外使用的电脑印象完全吻合。

可是，用生动的颜色包裹起显示器，这一设计需要将键顶、电池与本体保持统一颜色。但是作为特定色涂装的键顶和电池不能再涂装其他颜色了。此外，天板、底面、电池、键顶，它们的素材各不相同，涂装的环境也不一样，想令其在颜色上统一是非常困难的。所以将电脑整体统一为一种颜色，这种设计在笔记本电脑中一般是不被允许的。上一代机型也是如此，键顶和电池采用了一种不同于本体色的颜色。

为取得公司内的理解，新机型的设计团队制作了一台涂有橙色外装、经消光处理的原寸模型。通过该模型，他们向公司展示：用消光处理过的生动颜色包裹起显示器，这对拿到户外使用的电脑而言是一种必然的趋势。这一展示获得了成功，取得了公司方面的理解。

但是，将该产品从模型实现为真品可谓大费周折。在上色方面，既要防止褪色和染色，又要做出适度的摩擦感。为了避免在碰擦时出现痕迹，必须在设计时对其施以强力。所以在生产现场，设计师们经多次试行错误后才终于打造出该产品。

设计师们还专门设计了电脑盒等附件产品。它们与作为传统电脑附件的灰盒子、小袋子完全不同，采用硅胶设计，且没有安装拉链等闭合装置。这款盒子即使在包中与硬物碰擦，也不会给电脑留下划痕。未设计拉

浏览网页或读长文章时可将电脑竖起。

链是为了便于将电脑从盒中取出。

新机型的设计师说，我们想将客户层扩大至年轻人，因而采用“生动色彩的柔和电脑”这一新概念。这适合不再对高级感趋之若鹜，而是选择适合自己的生活风格的现代年轻人。

图为专用的硅胶质电脑盒和挂链。为便于取出，没有设计拉链。盒上有多孔，可看出电脑的颜色，享受配色的乐趣。存取电脑时会因挤出空气而形成洞穴。该洞穴可徒手消除。

消光处理的外装给人柔和的印象，令人忍不住想要伸手触摸。键顶也与天板等外装同色。

抛光设计传递出高级感。该产品遵循笔记本电脑的设计原理，键顶没有和外装同色，而是采用了银色设计。

04

夏普/Healsio

引领厨房潮流的高科家电

夏普Healsio的出现是令人眼前一亮的。2004年，当时微波炉的色彩设计仍以白色为主流。市场上突然出现了正红色的Healsio，这给很多人留下了深刻的印象。

不同于传统微波炉，Healsio采用全新的烹饪方式。它向食材喷射近300度的高温蒸汽，附着在食品上的水蒸汽在形成水滴的同时也带走了食品中的脂肪和盐分。因此与传统微波炉相比，它减少了脂肪和盐分，这成为其一大卖点。Healsio的红色象征着采用过水蒸汽这种与其他公司产品完全不同的烹饪方式，向消费者成功传达了它所具备的独特性。

用设计表现“only one”

夏普于1962年在日本首次量产微波炉。1966年开始向全世界发售搭载转盘的微波炉。可谓一直引领着微波炉市场。可是，长久以来，微波炉在技术上没有大的变化，随着在家庭中普及率的上升，商品价格开始下降，利润率也有所降低。支撑微波炉业界的只能靠技术革新了。于是2000年春，夏普着眼于加热处理的水蒸汽系统。

该公司在当时的社长町田胜彦的带领下，推进了only one经营战略。即，开发并搭载其他公司所没有的技术，以确保市场的领先地位。当时尚处于开发阶段的Healsio作为开拓市场的only one商品，备受期待。

2004 年 9 月发售的第一代 Healsio“AX-HC1”因大胆使用厨房鲜少出现的红色而成为话题。其配色方案有红色、银色 2 种。
※ 彩色照片参看本书前勒口

Healsio设计的重要主题是充分表现产品的唯一性。当时摆放于店头的微波炉，大多为在门的部位镶嵌了大玻璃窗，操作面板上排列了多个按钮的式样。

夏普为了表现only one的独特性，采用了与竞争对手截然不同的式样。即，中间为狭窄型玻璃，两侧是红色金属面板。这是Healsio独有的样式。“像是打开舞台两侧悬挂的幕布的效果。”健康、环境系统事业总部设计中心副参事铃木史郎说明道。

打开Healsio的门，出现的是微波炉领域前所未有的方法烹调出的菜。究竟是怎样的味道呢？可以说这款设计成功地回应了顾客们的这一期待。

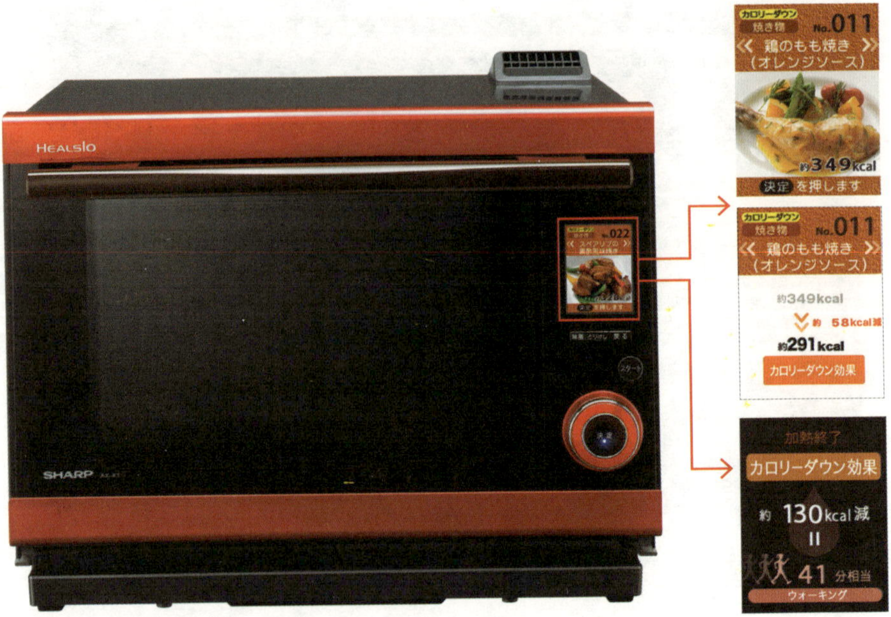

图为上下都是红色框的 Healsio “AX-X1”。它将 2 个操作盘合并为 1 个，实现了操作简化，并安装了彩色液晶屏。上下部位的彩色框涂装了树脂，表现出金属质感。配色方案为红色、金色两款。

将厨房空间趋势反映在颜色上

自Healsio出现的2004年前后，普通家庭的厨房也发生了变化。与客厅相连的开放式厨房开始增加起来。客厅内装中的色彩趋势也逐渐影响到了厨房。在以白色或银色为基调的厨房里添加插色之类的色彩设计，或是配置家电时考虑色彩的协调感，这类想法开始广泛渗透于各家各户。

夏普在白色家电的环境里敏锐地把握住了居住空间的趋势，为Healsio选用了红色，回应了众多消费者的呼声。从发售至今，虽然这一红色在逐渐发生变化，但仍继续肩负着Healsio品牌色的使命。

由于得到了前所未有的功能和设计方面的支持，第一代Healsio累计销量约10万台。到目前为止，红色占销量中的70%。在销售前，设计者们

图为 Healsio“AX-M1”。在此之前产品除了红色还有银色、黑色、白色等单一色彩。“AX-M1”引进了绿色，现有配色方案为红色、绿色、白色 3 种。

曾预想红色不过占销量的10%~20%。由此我们可以看出消费者对红色家电的期待之情。

作为Healsio畅销的要因，人们对食品健康的意识变化不容忽视。大家对食物中毒和内脏脂肪太高等生活习惯病的关注有所提高，对在家庭中可安全使用的烹饪器具的需求大大提升。在这一背景下，切断脂肪和盐分的Healsio深受消费者们的支持。

对于在此期待下出现的Healsio而言，其成长过程中的转折点是2008年9月左右发售的第5代“AX-X1”。之前的4代产品都传承了彩色框位于门两侧的设计，到了第5代变更为上下位置的设计，红色边框面积变小，比以往更具沉着的印象。操作盘由2个减为1个，这也是一大变化。操作盘的减少令Healsio的外观更加清爽。

2004

AX-HC1

· 因诺如病毒感染的食物中毒患者增加。

2005

AX-HC2

AX-HT2

· 通过修改关于农林物资的规格化及品质的规范化（JAS 法），食品的标识规则更加严格了。

2006

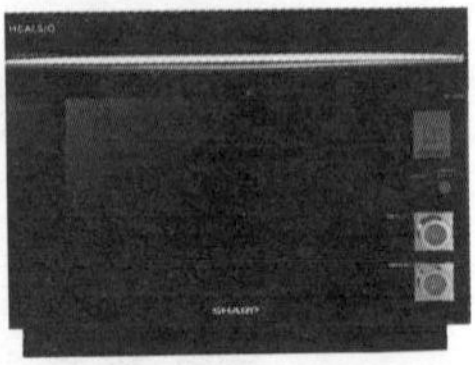

Healsio pro AX-1000

AX-HC3

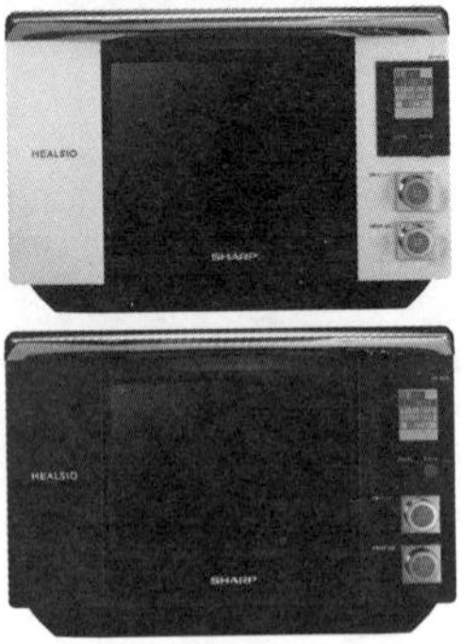

AX-HT3

· Healsio pro AX-1000；修改看护保险法实施。

2007

Healsio pro AX-2000

AX-HC4

AX-HT4

· Healsio pro AX-2000；癌症对策基本法实施。

2008

AX-X1

AX-S1

AX-L1

· 特定健康检查、特定保健指导开始实施；对内脏脂肪患者的特定保险指导开始实施。

2009

AX-X2

AX-G1

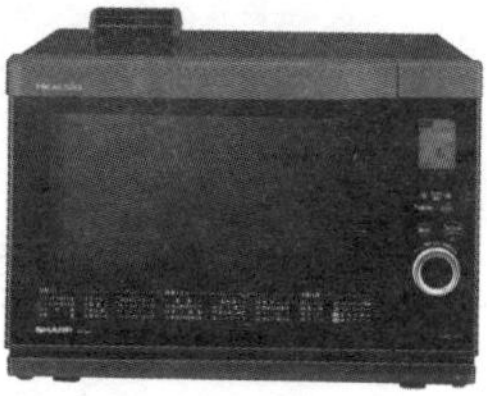

AX-M1

· 受食品安全事故频发的影响，消费厅成立。

图为最新机型“AX-X2”。搭载了 288 件自动菜单。操作采用语音识别功能。配色有红色、银色 2 种。

“AX-X1”门的侧面配图案。这一方案继续被“AX-X2”引用。图为“AX-X2-S”（银色系）的图案。

扩充IH系统和Grill品牌

AX–X1中新安装了3.5英寸液晶画面，还设置了只需对Healsio操作盘进行选择便可自动烹饪的“自动菜谱”。在自动菜谱中，当选择脱油削减卡路里的菜单时，加热过程中液晶屏会用数值表示被削减的卡路里量。此外它还追加了需步行多久方可消耗掉那些卡路里的计算功能。

2009年公司降价销售新推出的绿色款Healsio，扩大了用户的可选范围。Healsio的销量从2004至2010年3月前累计已达80万台。今后为让广大用户理解Healsio的魅力和优点，夏普设计了更好的内容和界面，因此未来它会变得愈发重要。

自2004年发售以来，夏普努力让功能进化、品质提升，将支持健康的Healsio品牌印象切实地渗透进市场。他们为强化Healsio的品牌力，着力推动Healsio向其他厨具家电方向发展。

作为这一行为的第1弹，2009年IH中心相继向市场投放了“KH–AX7B”和烧烤用的“KF–AX1”。它们的核心技术仍是“水加热技术”，在设计方面也继承了Healsio的个性，具体来说IH中心在Grill中将Healsio的上下彩框和把手分别

图为 Healsio IH 中心“KH-AX7B”，上下采用彩色框兼把手的设计。配色方案有红色、银色 2 种。

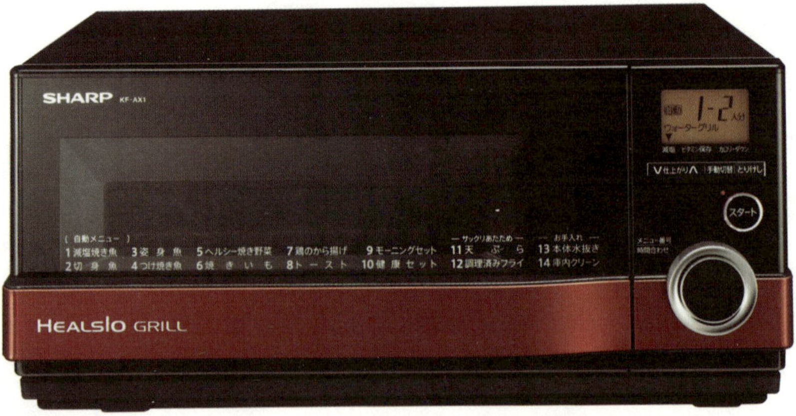

图为 Healsio Grill 的“KF-AX1”。下部的红色框和操控盘的设计继承了 Healsio 的传统设计。配色方案有红色、银色 2 种。

移到自己的彩框和操作盘设计中，可谓继承了Healsio的要素。

烹饪系统事业部副部长波头真吾说：“通过冠名Healsio，我们作为家电制造商虽处后发之势，但也实现了进入IH市场的目标。”

白色家电稳定经营

说起夏普，人们对其液晶电视、手机等数码家电印象深刻。确实，该公司的主打商品是数码产品。不过，以Healsio为代表的白色家电对公司的经营却起着支撑作用。

“白色家电对付不景气卓有成效，因为其销量比较稳定。白色家电占夏普总销量的比例不高，但发挥着稳定基础的作用。”波头部长解释道。

2012年，夏普迎来成立100周年。他们高举发展地球环境事业和支持健康电器事业的主题旗帜，目前正致力于太阳能事业。相信以Healsio为中心的白色家电今后一定会发挥重要作用。

05

三洋电机 / eneloop

成为品牌的干电池

三洋电机的镍氢电池“eneloop”的单三形（左）和单四形（右）。在全球60多个国家销售，至2010年1月末累计销量为1亿1千万只。

三洋电机于2006年发售镍氢电池（以下称充电池）eneloop。它改善了以往电池的不足，拥有“买回即可使用的便利性”和“可反复使用”的特征。至2010年1月末，全球销量已突破1亿1千万只，顺理成章地取代了一次性干电池，确立了可反复使用型干电池的市场地位。

无法单独使用的干电池总是扮演着给家电供电的配角。由于它们用完即扔，在消费者眼中的存在感仅限于购买时和更换时。因此消费者和厂家都没有意识到干电池的设计问题，只关注“含电量”和“持久性”等性能方面的差别。因此许多干电池的设计都强调性能，在卖场中甚是花哨、抢眼。

然而，对于非一次性、可反复使用的eneloop而言，在设计时必须考虑它适用于日常生活的事实。白底之上配深蓝，这是它的标志。与传统电池相比，这一简单的设计要洗练得多，象征着可反复使用的环保型设计提案。

从女性手袋中取出的干电池

2004年4月，三洋电机从设计部门、技术部门、市场部门、销售部门召集了10人小组，开展“干电池向充电池转化”的工程。这项工程的目的是进一步推广充电池。首先他们讨论了新型充电池需要怎样的性能。当时的充电池虽有可反复使用的特点，但与干电池相比，便利性方面较为逊色。自然放电的特性令其在使用前必须充电，购买后不能立即使用。

eneloop实现了防止自然放电的技术优化，是一款购买后可立刻使用的新型电池。据说该技术可令eneloop充电1年后仍可保存85%，3年后仍留有75%的电量。此外，反复充电、放电1000次以内（后经技术革新达到1500次），可保存售出时95%的蓄电量。而传统充电池随着反复使用，蓄电量会显著减少。

2005年7月，三洋电机开展了为环保考虑而创作的品牌视觉会，并制定了“Think GAIA”。eneloop的开发便是该视觉会具象化的第1弹。为赶上2005年年末的商战，原定2006年3月的发售日期提前到2005年11月14日。

新型充电池的设计肩负着三洋电机今后走向的重任。关于商品名，除寓意“能量循环”的eneloop外，还有个提名为“无数次”，意在强调反复使用的概念。

eneloop的设计追求与人们生活方式的自然融合，“设计的效果是即使在咖啡馆中从女包里取出也不会产生异样感。”三洋电机的清水正人说道，“将eneloop与生活方式紧密结合，力争无论出现在任何场合都不觉得丢脸，反而会吸引人们的目光，我们以此为设计目标，通过改变以往浓烈的设计风格，向市场宣告这是一款全新的充电池。”

电池正面没有SANYO的标志，这表明了eneloop的自信与期待。此举旨在不强调制造商名，而是强调品牌名，扩大eneloop品牌的影响力。若新产品作为品牌为人们所认知，公司整体的品牌价值也会提升。

各种商品都标注eneloop

将eneloop可反复使用的概念做进一步推广，那便是“eneloop世界”。109~111页的这些产品都以eneloop概念为基础，但属于与电池截然不同的商品群，它们补充了仅凭eneloop无法完全表现的“可重复使用的生活方式”。eneloop太阳能发电器、eneloop mobile booster移动应急电源、eneloop怀炉、eneloop灯……“eneloop世界”将设计者们主导的试验品陆续产品化，这在该公司尚属首次尝试。

eneloop太阳能发电器可安装在住宅屋顶，是个小型太阳能发电机。它内藏充电式电池可对eneloop充电。mobile booster是个设计简单的蓄电箱。eneloop怀炉并非一次性而是可反复使用的商品。该产品采用简单易握的圆形设计，拥有良好的手感。eneloop灯则有室内灯和电筒两种用途，安放在底座上便开始充电，从底座移开便开始点亮。操作简单，谁

2005

可反复使用约 1000
次的第 1 代 eneloop
发售。

2006

销售数量：约 2100 万个

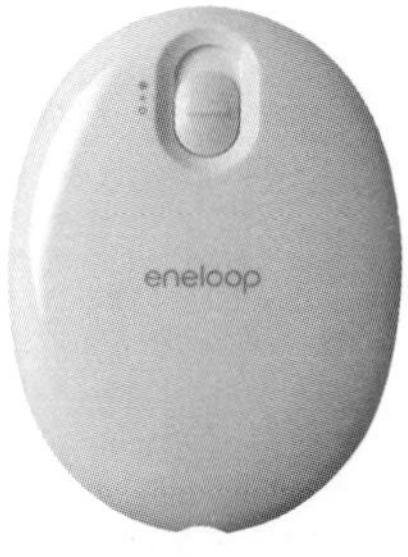

eneloop 怀炉

eneloop 太阳能发电器

2007

销量：约 2500 万个

eneloop 充电式取暖器，

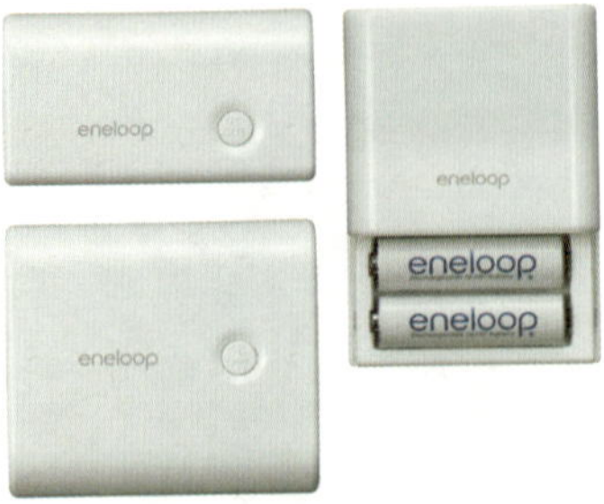

eneloop mobile booster（移动应急电源），3 种型号

2008

销量：约 3000 万个

eneloop 太阳能灯

eneloop 空气净化器

eneloop 怀炉

2009

可反复使用 1500 次的第 2 代 eneloop 对外发售。为纪念累计销量达 1 亿，发售了 eneloop tones。

eneloop 自行车

eneloop 灯

eneloop portable solar
便携太阳能单元

2010

减少了蓄电量但可以重复使用 2000 次的低价 eneloop lite 电池发售。

eneloop stick booster
（行动电源）

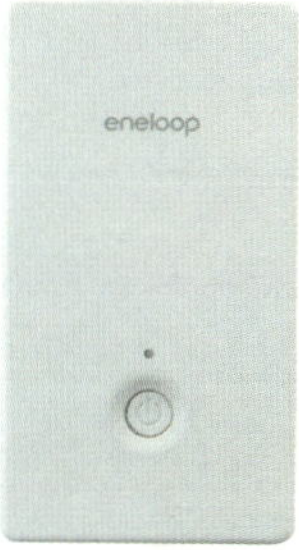

eneloop music booster
（充电式音乐电源）

都可以使用。

“eneloop世界”的产品按用途可分为三类。将阳光转化为电力的“创ene”、蓄电用的“蓄ene”、供人使用的“活ene”。例如：用eneloop太阳能发电器发电，用mobile booster储电，最后用eneloop怀炉消费这些电。这一从阳光至能量的转变过程被命名为“清洁能源的循环利用”。

将eneloop产品摆放在一起便可看出eneloop这一名字的由来，即能量的循环利用。清水所长说：“若没有eneloop世界的产品，我想充电池也不会如此畅销。”

不限色彩和素材的设计

“eneloop世界”的产品设计以eneloop充电池的设计为基调保持一份统一感。但若将产品进行个别比较便会发现它们并非完全统一。例如，本体虽多为白色，但eneloop怀炉却有粉红和黑色可供选购，可见并没有规定“eneloop必须是白色”。另一方面，在使用的便利性方面它们又在追求着统一。将产品开关数量降到最少，这是eneloop的共通点。

设计的长期性也是eneloop的特征。例如，2007年起持续销售的eneloop怀炉几乎每年都会售罄，成为“eneloop世界”的代表产品。虽曾对消费者想设定温度的期望做出回应，对产品进行改良，但产品的外观设计并未发生改变。此外，eneloop的充电次数由1000次升到1500次时，外观设计也无甚变化。只是在内侧加了一个供识别的王冠标志。我认为设计的不变性巩固了品牌效果。

不仅如此，eneloop并未统一产品的色彩或素材。“紧张感”“简单”“洗练”“可爱”“想要爱惜”“质感”“便于使用”“长期性”等设计的本质都是设计者们共享的。所以，作为产品群而言，它们又是统一的。即使跨领域的产品增多，也不失统一感，这不是因为它们样式上的统一，而是设计的方向性和世界观上实现了统一。此外，不规定色彩和素材等要素，这样做可以灵活应对时代变化和产品目的。当设计者们

可用为室内灯和电筒使用的 eneloop

表现反复使用的生活方式的eneloop万能产品

创ene（创造） → 蓄ene（存储）

创 ene（创造）：将太阳能转换为电能的 eneloop mobile solar（上）、eneloop 太阳能发电器（右）、eneloop 太阳灯（下）。

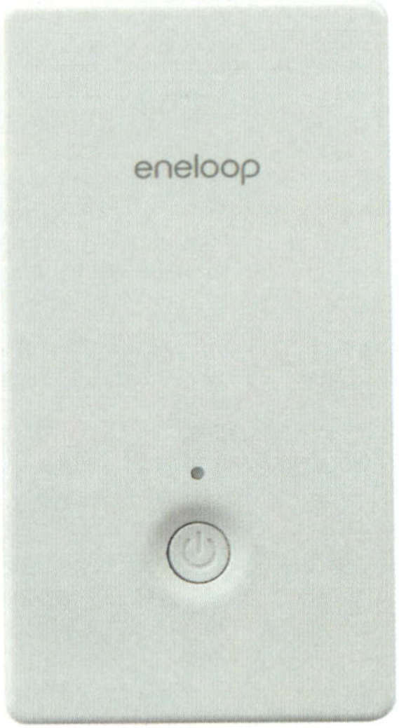

蓄 ene（存储）：图为将电力储存后随身携带，供给音乐播放设备的 eneloop music booster（上）和适用于手机等设备的 3 种 mobile booster（右列）。

活 ene（使用）

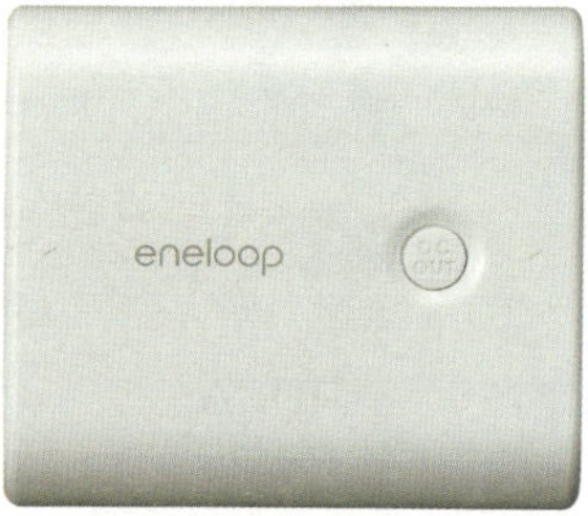

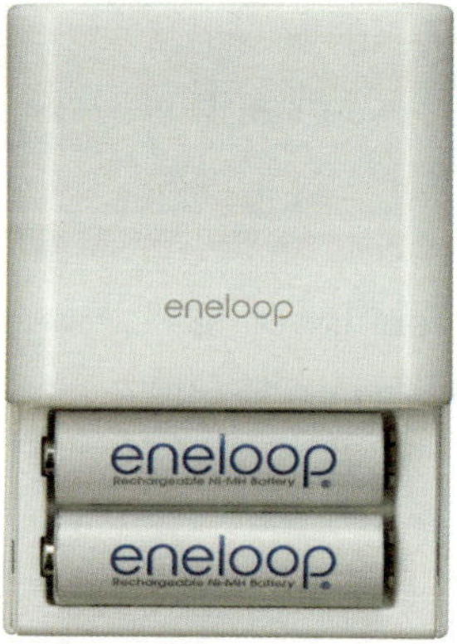

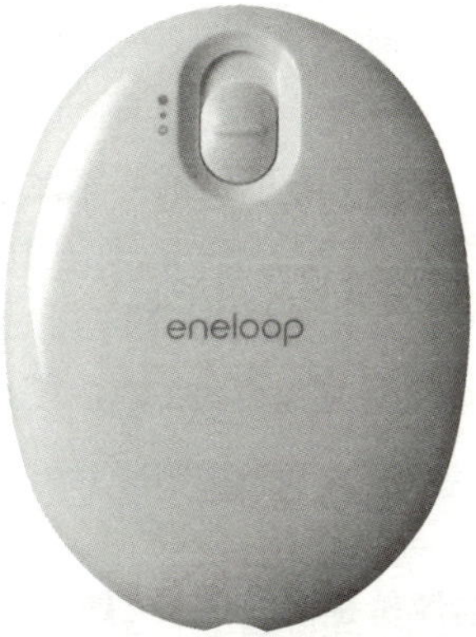

活 ene（使用）：利用电力提供温暖的 eneloop 怀炉和 eneloop anka。

不知该如何设计时，只要立足于既成作品，俯瞰eneloop整体世界即可。

2010年4月发售的橙色eneloop mobile booster和eneloop stick booster是个性店BEAMS特别订制的产品。它们在使用方面具备统一性，颜色上则采用了BEAMS的品牌色——橙色。这便将eneloop的触角伸向了时尚领域。事实上，eneloop不仅有自家的“eneloop世界”的产品，还通过与其他公司的合作展现出更广大的世界观。他们建立了被称作“eneloop友人”的合作关系。这其中便有takaratomy公司的玩具产品“i-SOBOT”等。与其他公司建立合作关系，这再次表明了eneloop的品牌认知度。

客观的评价是品牌的证明

eneloop和“eneloop世界”荣获德国iF奖、美国IDEA等多项大奖。它说明这一改变了传统干电池、向社会贡献出eneloop和“eneloop世界”的设计得到了全世界的认可eneloop的设计是通行于全世界的。公司内员工的意识也自然得以提高。而每个人的意识提高必将引起整体品牌意识的提升。

在诸多奖项中，清水所长最看重的是“eneloop世界”于2007年获得的“好设计”大奖。它表明从设计的专业角度评“eneloop世界”为当年日本国内最好的设计作品。这一认可对清水所长而言真是难以形容的喜悦。

跨领域的 eneloop 多种产品

不仅是充电池，eneloop 的弹性设计可运用于各种领域。图为 eneloop 电动自行车（左）、eneloop 空气净化器（右）。

与其他公司的合作扩大了 eneloop 的范围

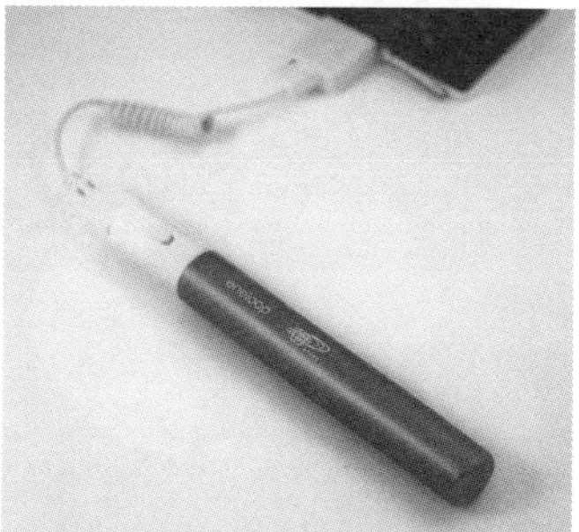

Takaratomy 的 i–SOBOT（上）为“eneloop 友人”的产品。右上和右下分别为个性店 BEAMS 特别订制的 eneloop mobile solar 和 eneloop stick booster。

2007

图为 eneloop 的产品获日本产业设计振兴会主办的 2007 年度“好设计”奖时所拍照片。

在eneloop设计中心，人们不将干电池称为“物品”，而是使用“事物”这一称呼。就像20世纪70年代末索尼随身听将音乐转向便携式新风格一样，21世纪的eneloop通过设计彰显干电池可反复使用的效果，构筑起自己的品牌特质。

IDEA 奖 iF 奖 2008

eneloop
太阳能发电器

eneloop
充电池

eneloop
太阳能发电器

eneloop
空气净化器

iF 奖 2009

金奖

eneloop
万能充电器

eneloop
怀炉

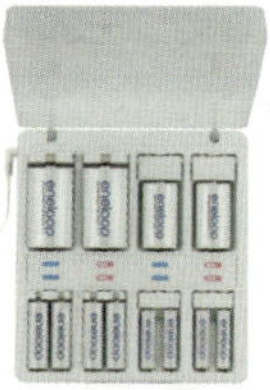

eneloop
太阳能灯（金奖）

iF 奖 2010

eneloop
角灯

eneloop
灯

eneloop
便携太阳能单元

第3章 助力品牌复活或闪亮登场的色彩

01

富士梦幻航空的多彩机型

受静冈县人民喜爱的各色羽翼

2009年3月，以位于静冈县的静冈机场为据点起航的富士梦幻航空（Fuji Dream Airlines，以下称FDA），为机体换上了各种鲜艳的色彩。

FDA所采用的多色，并不单是用多种颜色涂装机体。其多色概念为1号机红色、2号机天蓝色、3号机粉红色，即每引入一种新机型便采用一种新颜色。可以说，这一变革不仅改变了机体本身，还大大装点了机场的风景。在不远的将来，从静冈县起飞的各色FDA，会令一向光秃秃的跑道也亮丽起来。

FDA是清水市约有200年历史的物流商铃于2008年成立的航空公司。该公司抓住大型航空公司撤离地方线路的商机，建立连接静冈机场与小松机场、鹿儿岛机场、新千岁机场的特色航线。

如何设计机体?

对于连接地方与地方的FDA而言，能否受到静冈县人民的喜爱是其商业运作成功的关键。因此机体设计的必要条件是“受当地人喜欢的设计”“能让人记住的设计”“醒目的设计”。

效果

每天有18趟航班往返于6大机场。

课题

连接地方与地方的地域密集型航线的设立。

不同机型的不同色彩，打造了多彩的机场风光。

其机体设计必须受到静冈县民众的喜欢，拥有一眼就能认出是FDA的差别化，在机场和其他飞机排列在一起时有强烈的存在感。此外基于飞机长期使用的特性，设计上还要让人百看不厌。

负责FDA机体设计的是电通广告公司。该公司在短时间内便交出200多个提案。电通虽是拥有丰富设计经验的广告代理巨头，但对飞机进行设计尚属首次，因此对这次的设计投入了极大的精力。

在这200多份提案中便有多色概念。每引进一种机型便为其赋予一种色彩，机场会因此渐渐华丽起来。所以它并非只对一种机型设计便完结了事，而是随着机型的增加、FDA的发展和静冈县机场的活跃而日趋丰富多彩。正如富士梦幻航空这个名字一样，是充满梦幻色彩的设计。

“在为数众多的设计案中，参与设计决定的全体成员一致选择了多色方案。它满足了我们所有的设计要求。”FDA营业二部的领导中尾仁说道。

FDA引进的机型是巴西飞机制造商Embraer公司的Embraer170客机。这是一款可容纳76位乘客的小型客机，适合一定规模的地方线路。其高效率和经济性的特点深受海外航空公司的青睐，保持着良好的出口业绩。

色彩引发的交流

现在FDA保持着5机5色的配色方案。1号机为公司的品牌色——红色。2号机和3号机的选色经网络调查后分别定为天蓝色和女性大力支持的粉红色。

启航1年后，FDA顺利地增加了航班次和飞机数。于2010年4月引进了4号机。这次继续在网上做民调，民调显示绿色最受欢迎。于是绿色的4号机和橙色的5号机飞上了天空。

FDA的多色概念引发了各种各样的交流。乘者们会询问：“今天乘坐的飞机是哪种颜色？”“还有粉红色的飞机没坐过。”还有许多乘客以飞机为背景拍照留念。

此外，在商业运作方面，多色方案也起到有效的宣传作用。比如，当引进新机型时，对媒体不单单一句“增加新机型了”，还会说“又多了绿色机型哦”，从而引起媒体更多的关注。在拜访客户时，也常常围绕“下次机型是哪款颜色”的话题。

由远至近依次为1号机、2号机、3号机。机体下部为白色，机体则色彩鲜艳。

右为决定2号机颜色时在主页上做的民调。

右为在时刻表中为目的地、航班名标注机体颜色。

2010年7月，为纪念启航1周年，富士梦幻航空对4号机即将使用绿色一事进行了大力宣传。公司对外分发绿色的扇子、钥匙扣、杯子、海报等纪念品。给每种机型涂上不同颜色，这也便于确定促销活动的主题。

以地方活跃性为目标

多色方案虽然新鲜，却也有许多问题需要谨慎处理。一边逐一解决遇到的问题一边实现前人未有的多色方案，这也只有飞机数量和机型数量少的FDA能做到了。例如：更换引擎、修补机体等对飞机进行保养时涂装

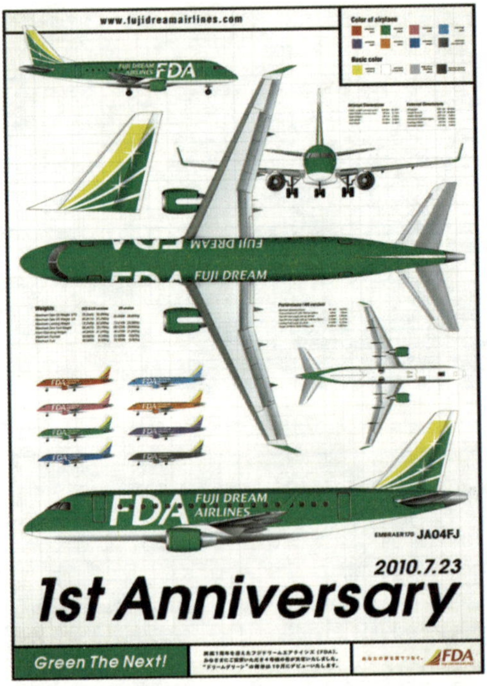

1 周年纪念海报上对外宣传绿色 4 号机和多色方案。

工作也不能缺席。若采用多色方案，必须准备好各机型所使用的涂料。此外涂装技术还受到航空法的制约。

总之，FDA的理念是连接各地方城市，令地方密集化。各色机型在装点着地方机场的同时，也支持着各地域间的文化交流和商务活动。该公司正在讨论今后携手地方旅馆业，目前已在其主页上刊登有关地方餐饮店的介绍等，扮演好静冈县入口的角色。

启航 1 周年，用绿色统一制作纪念品。

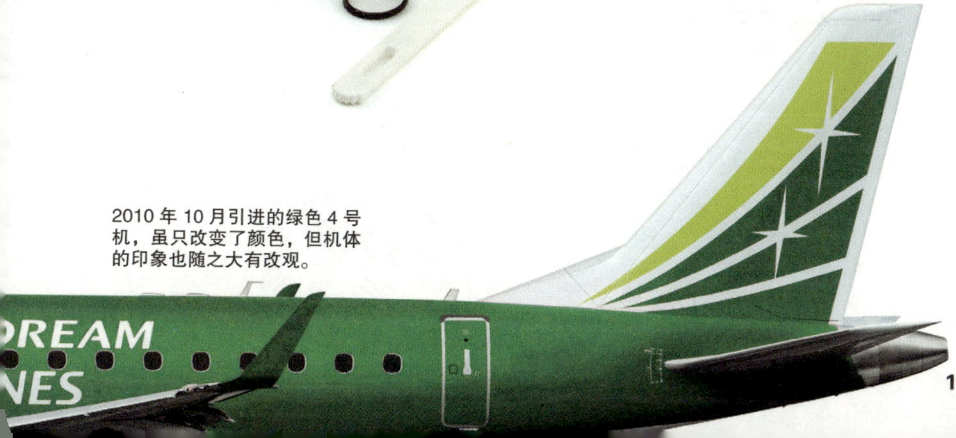

2010 年 10 月引进的绿色 4 号机，虽只改变了颜色，但机体的印象也随之大有改观。

02

闪亮夺目的派通宝石修正带

闪亮耀眼的色彩与风格

派通的“JEWELISH”是闪耀着宝石光芒的修正带，而营造这份光芒的正是其对流行色的大胆使用。此前，市场上的主流修正带有其固定的造型。派通公司此次面向女性推出闪闪发光的各色宝石状修正带，可谓开拓了女性用户的市场。

6款颜色中采用了“黄玉”“紫水晶”等宝石名。宝石的形状配上BlingBling的光芒，一款给人以首饰风格的文具便就此诞生了。

修正带有500克拉钻石的光辉

如何用塑料表现宝石的光芒，这是个课题。宝石是以其形状加上一定

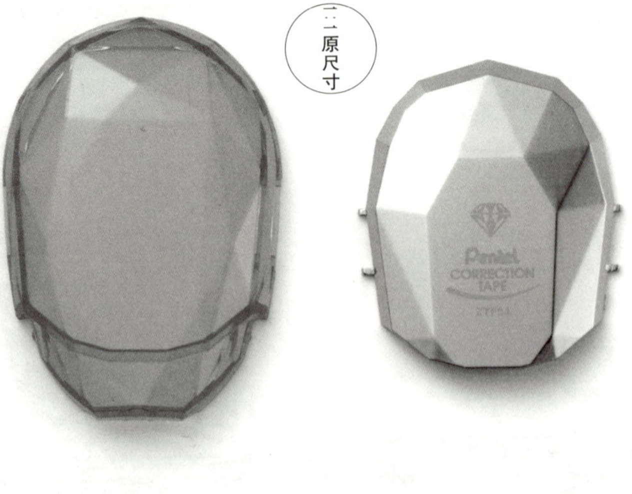

的厚度呈现出独特的光芒。于是设计者们将2层切工不同的零件组合起来，在内部附上铝制材料令其发出银色的光芒。

担任设计的派通企划总部商品设计科科长清水和久表示："将内侧和外侧部分交错削切，二者重合时便会发出耀眼的光辉。我们在试验品里附上银色的纸以实现更加耀眼的效果。最终完成后达到500克拉钻石的闪光效果。"

为追求这一闪光效果，设计师们对材料的透明度也做了微调。过于透明或过于不透明都无法发挥出双层构造的长处。设计者们追求的是利用重合产生的最佳效果。

6款颜色的选定皆由女性团队完成。她们去饰品店观察女性们选择宝石时的情绪，把握女性的真实感受，以此作为选色的基准。

为提高 BlingBling 的效果，设计者们将形状和颜色不同的 2 层重叠组合。从外可看到内部的骨架。

以颜色谋求差异化的修正带

众所周知，修正带一般具有办公等商务用途。派通公司想要扩大使用范围，便将目光转向了个人用途的商品领域。以此为目标的French Pop和Twinkline等商品则被市场要求必须与以往商品大有不同才行。

面向个人的商品特征为其用色和风格。传统商品采用能看到内容的无色透明式设计，但如今换成了各种颜色。另外，修正带放在桌上或抽屉里的时间长于使用的时间。所以设计者思索着不用时该是什么样子。最终他们决定采用装卸帽子的一体式设计。结果该公司第一代个人用修正带French Pop的销量超过原计划3倍以上。在感受了市场的这一反馈后，宝石修正带采用了更为大胆的女性设计。

宝石修正带里沿用了以往的修正带。这是因为由始至终都是通过只改变外观设计开创出新需求的。

通过改变颜色和形状开拓个人市场的派通修正带。由左至右依次为 French Pop、French Pop 铝色、Twinkline。它们的设计目标是营造令人一眼看不出是修正带的效果。

效果

进一步强化超计划销售 **3 倍**以上的个人用修正带。

课题

想扩大修正带的市场。

以增添光泽度的宝石色为目标。

中上起顺时针顺序依次为玫瑰石、紫水晶、绿宝石、蓝宝石、拉布拉多浅黑色、琥珀色。

03

丸广 / HASAMI

10家企业合力创建的品牌

2010年6月2日~4日在东京bigsight举办的日本国内最大规模、名为“内部装饰、生活风格”的生活百货、家具展览会，吸引了26000名来访者。来访者多为前来选购的百货店或专卖店的买家。有一家展位吸引了他们的注意，那便是“HASAMI”。

畅销色是好用的颜色

HASAMI的展位里摆放着各种多彩的圆杯和盘子。他们对摆放方式着实花了一番心思。通过组合达到色彩协调的效果。而买家则可通过这些组合确认它们在自家店头摆放的效果。这些圆杯还可叠加收纳，它们的存

水罐（容量约 900ml，建议含税零售价：4200 日元）造型修长优美

在一定带给人们丰富多彩的享受。

HASAMI 自那次展会至8月上旬，与专卖店和百货店签署约45份合同。合同的规模以零售为基础，价值约300万日元。对于初出道的新品牌而言，这是令人满意的成果。HASAMI 能取得这样的成果，归功于他们不追求标新立异的造型，崇尚简单、率真。颜色上则为多彩效果。这便于令买家联想使用场景。

此次HASAMI 选用了灰色、蓝色、红色、黄色、绿色、紫色。看着展览中的样品，它们各有其所属的色群。同色样品放在一起比较时，会看出显色上有微妙的不同。虽然这些并非创意者刻意为之，但却作为“手工感”“工艺性”受众多买家所青睐。

该产品选用的颜色分为2类，一类是生动活泼的红、蓝、紫；一类是令人感到沉静的灰、黄、绿。不仅是颜色，色调的差异结合产品的不同造型，产生的氛围也截然不同。

水壶（容量约 500ml，建议税后零售价格：4200 日元）造型大方质朴。

盘子（直径约 220 毫米，建议含税零售价：2625 日元），共 6 色。

课题

从产地难以产生大热商品和受欢迎品牌。

效果

1 次展览会签约 45 份，零售额达 300 万日元。

微妙的显色差异散发出的魅力。

可叠放的 BLOCKMUG SOUP（容量约 400ml，建议含税零售价：2520 日元）。分别为灰色、蓝色、红色、黄色、绿色、紫色 6 种。

例如，红色和紫色的组合色彩明亮又令人愉悦，洋溢着美式风格，是面向年轻人的店会选用的搭配。看139页的照片，脑海中可以浮现出使用时的画面。

此外，以令人沉静的黄色为中心，配以灰色、绿色等会是怎样的效果呢？这是北欧风情的搭配，适合成熟人士精致的生活空间。正如138页的照片一般。

像这样以颜色为基础的生活空间提案概念，适合各类买家的需求。若有大卖场的买家可全色进货，在店头摆出几套方案吸引顾客。而小型卖场可根据顾客的喜好选出几色进行陈列，即使预算有限，也可进货候补。HASAMI就是这样抓住买家的心。

现在浏览HASAMI的销售店名单，赫然排列着LAZY SUSAN、arenot、souvenir-from-tokyo等高人气的店名。

10家集团集结而成的事业

HASAMI是陶瓷器产地长崎县波佐见町里诞生的新品牌。以MARUHIRO商社为中心，由模型制造商、材料供应商、窑商、釉子商等10家公司集结而成。1个品牌由这么多企业集结，这一现象很少见。这其中，烧瓷产地的特性和开发手法发挥了很大作用。

波佐见烧瓷产地以有田烧（以日本佐贺县有田町为中心出产的瓷器。——编者注）的外包和生产面向大众的瓷器和陶器见长。每个制造工程的分工都有条不紊地进行着。特别是釉子加工，作为顾客的窑炉和各领域都有很细的分工。不过，通过各自擅长领域的信息交换将他们组合在一起，制作新产品，挑战新品牌，这在之前都是比较少见的。

建立起HASAMI事业的中心人物烧瓷公司MARUHIRO的马场匡平（营业企划）专心致力于时尚风格的新瓷器制作。为此，必须有强烈的原创性和有魅力的配色。在多色方案方面，加之收集釉子的各种技术和素材，能自由开展这一工作的地方只有波佐见了。

马场先生为找寻制瓷业至今尚未在杯盘中用过的釉子，在当地四处奔波。终于在众多样品中找到了谁都没用过的蓝色和紫色，并将陶器使用的绿色和黄色釉子转到瓷器的使用中。他一边和众多制造商合作一边展开独自的配色方案。

这样的作业在有田烧外包或知名品牌的代工生产时代，肯定是不必要的。“关于HASAMI的色群，他们也批评说这样会不好卖的。但是拿到展览会上后买家的评价大有不同。很多事只待在当地是不会明白的。”马场先生说。

马场先生在产地一边长期积累，一边团结起尚未被充分挖掘的技术，并以买家需求为支撑，灵活运用多色方案，创立了HASAMI品牌，迈出了一大步。在产地建立起品牌绝非小事，毋宁说10家企业合力创建的品牌了，可谓意义深远。

在设计上，通过在色彩上下苦功，可以提高产品销量，打造流行新趋势，令未来充满无限的可能性。不仅如此，正确认知色彩还可能改变商业本身。

以黄色为中心，配以蓝、绿、灰营造出令人心静的色彩效果。可向成熟人士提议该套配色方案。黄釉子是乳浊釉，在灰釉上添加石粉令其显色为黄色。绿的釉子是色釉，将蓝色和黄色颜料混合便成了绿色，其中加入铁粉便得到独特的绿色。灰釉也是色釉，由石灰釉、灰颜料（钴＋镍＋亚铅）混合调配而成。

红与紫的组合，产生令人心情开朗、愉悦的氛围。可提议给年轻人使用。BLOCKMUG 容量约 200ml，建议含税零售价为 1575 日元。BLOCKMUG BIG 容量 300ml，建议含税零售价 1890 日元 ）共有灰、蓝、红、黄、绿、紫 6 种颜色。

04

丸山爱 /“ 一上豆乳”

深蓝色向消费者、采购员传递优质感

总部位于爱知县的丸山爱是占日本国内市场较大份额的豆乳饮料生产商。“一上豆乳”是该公司为提升业绩较低的东京区域的新品牌。为打造其他公司无法模仿的豆乳饮品，他们以深蓝色为基调，配以充满优质感的设计，并选用了“一上”这一名称。

在设计过程中，有两款包装设计在竞争中胜出，深蓝和白色。做出最后决定的是它们对卖场造成的影响力。白色包装也能表现与豆奶饮品相适应的优质感，但考虑到会和其他商品一起陈列在零售店的货架上，那款前所未有的深蓝显然更吸引消费者的目光。

得到高级超市认可的深蓝色

一上豆乳先在西日本试销售，半年后开始在涵盖首都的东日本销售。可是，在投放东日本市场之前，曾受到供应东京区域的高级食材超市提出的申请，要求在部分门店开始先行销售。“东京的高级超市主动要求进货，这尚属首次。”丸山爱开发科企划组组长冈田信之这样说道。

现在除了高级超市，许多小商店也引进该产品。在东京区域提高市场份额的新品牌战略目标可谓进展顺利。

在新品牌的设计上追求优质感，原因如下：在当初创建品牌时曾做过团队采访。当时受访者说“说起豆乳应该是黄绿色”“应给人一种把健康喝进肚子里的印象”。这说明传统包装过于强调健康的印象。话虽如此，若大幅改变常规产品的包装会伴有风险。通过对一上豆乳这一新品牌的认知，有从根本上提升整体品牌印象的良好效果。

一上豆乳不仅在包装设计上，在味觉上也追求优质。普通大豆在加工时由于酵素的作用会发出大豆特有的臭味儿。有消费者会因此觉得豆乳难喝。但是对MARUSAN保有优先使用权的宫城县产的品牌大豆kinusayaka，即使用同样的方法也很难产生臭味儿，对制作豆乳来说是上等原料。可以实现如“一上”这个名字一样具有上等价值的美味豆乳。

此外，制造商方面还添加了红茶、洋梨、白桃等口味，扩大产品种类的豆乳饮料，扩大了消费者范围。据说初次饮用的人会尝试这些口味，逐步接受原味。制造商正在考虑通过问卷调查决定今后投放市场的新口味。

用双汉字表现美味的一上豆乳饮料设计。初饮豆乳的人会选择易接受的口味，厂商逐渐扩大消费者范围。

课题

开拓东京地区的销路。

1:1
原尺寸

效果

在东京的**高级**超市先行销售，扩大市场份额。

凸显优质感，在卖场夺人眼球的深蓝色包装。

现在豆乳热再次袭来，豆乳需求的激增会导致商品缺货。这令制造商很为难。但经此一轮热潮后，大豆饮品的整体消费量会逐年增加。

在东京地区开始发售时，JR 品川站的电子广告牌换成和包装一样的深蓝色(上)。在涩谷的宣传活动也强调深蓝色。

05

三得利酒类/SUNTORY ALL-FREE

带来超人气的保守的白色

三得利酒类发售的零酒精啤酒“SUNTORY ALL-FREE”(以下称ALL-FREE),其包装简单到令啤酒饮料同行咋舌的地步。

三得利饮料产品的固定包装风格为罐体中央有大字样的商品名,并大胆地配有泡沫等吸引人的设计。与之相反,ALL-FREE以白色为包装基调,罐体中间的商品名变小了,留下许多余白,白色感得以加强。对此,三得利设计部的艺术指导平田宙解释道:“这一设计虽保守,但在卖场却有十分醒目的效果。”

ALL-FREE的特点是使用麦汁制出类似啤酒的口味,却不含酒精、卡路里和糖分。品牌中的ALL-FREE概念旨在表现该产品去除传统啤酒饮料中所含的3要素。此外包装中大块的白色强调简洁且“不含任何多余成分”的特点。

说起零酒精啤酒,人们多认为是想喝啤酒但因为驾车或正在怀孕不得已之下的替代饮品。但是三得利酒类认为主动想饮用零酒精啤酒的用户也占一定的比例。“特别是主妇,她们是潜藏的客户。”三得利商务专家、设计部艺术指导永田麻美认为。

据永田说,在干完家务后在家里来上一罐儿当作是给自己的奖励。不少女性此时会想饮用零酒精啤酒。

一方面确保白色面积，另一方面用金色的商标表现啤酒的印象。

广告中，白云浮在蓝天里，人们心情愉悦地喝着 ALL-FREE。

课题

传递零酒精、零卡路里、零糖分的三零理念

1:1
原尺寸

效果

发售一周
出货量达 20 万箱。

通过心情愉悦的白色表达无酒精的啤酒价值

三得利酒类的零酒精啤酒“SUNTORY ALL-FREE”，不涩不苦，给人畅爽的感觉。产品分类

为碳酸饮料。

所以，三得利开发ALL–FREE不仅为了无奈之下选择零酒精饮料的人群，也是因为有主动选择零酒精人群的支持。通过这样可以扩大零酒精饮料的客户群。因此，为表现不含酒精、卡路里和糖分的新价值观，必须进行全新的包装设计。

用金色表现啤酒的魅力

在包装用色上，为表现ALL–FREE的价值观，设计者确定了“高品质且令人心情愉悦”的设计主题。为达到接近绢的白色，设计人员在印刷工程中作了多次尝试。最后通过在铝罐上涂刷3次白色颜料，终于实现了与ALL–FREE理念相近的白色效果。

ALL–FREE的简洁包装与传统的啤酒饮料设计截然不同，有时会被用户或卖场负责人误认为是清凉饮料。这种认识违背了商品概念，所以必须令他们认识到这是零酒精啤酒。因此设计者们将企业名和小麦的图标印上金色，此外商品Logo金色的阴影。这既能表现高级感，又能彰显啤酒的魅力。

在顺应时代需求的商品概念外加强白色设计战略，两者结合发挥出完美效果。ALL–FREE自2010年8月3日发售以来，引发热议。一周内的出货量达20万箱。由于大幅超过原先的计划，生产跟不上，致使该公司于8月10日暂停商品的销售，调整生产体制后再次发行。

提高对健康的意识，极力排除食品和饮料中不必要的要素，持这种先进观念的用户越来越多。适宜表现这一想法的白色相信今后会在更多的商品设计中发挥作用。

06

大冢制药/ SOYSH

包裹瓶身的珍珠白打开销路

全身被薄膜包裹，中央浮现出商品名，这是大冢制药于2010年7月发售的“SOYSH”的包装。除了盖子上面和瓶底，其他部位都完全被白膜包裹，白色的包装格外抢眼。瓶体的容量约100ml，大小同普通的茶色罐饮料。乍一看这完全被膜包裹的瓶体，白色会给人留下深刻印象。

SOYSH是款将大豆压碎并液体化，加入碳酸的新型饮料。瓶中是豆奶般黏糊状白色液体，倒入杯中时白色液体会起泡，喝一口会有大豆独特的味道和碳酸的刺激。适度的甜度烘托了碳酸的效果，后味清爽。

包裹瓶身的白膜令人联想瓶内白色液体和高品质。覆膜采用珍珠白，强调其新品种的印象。商品名周围是浅驼色水珠图案，旨在表现大豆和气泡的印象。

众所周知，大豆是营养丰富的食材，随着健康意识的提高，选择消费大豆原料的豆奶产品逐年增加。

可是也有许多人不习惯大豆特有的味道。SOYSH不是大豆加工食品，它提取了大豆的成分，作为饮料进行开发。以消除对大豆味道的抵触感为目标，利用碳酸的清爽缓和了大豆特有的后味。事实上，豆乳加入碳酸会发生固化，而大冢制药采用独特的制法成功解决了该问题。

6 张包装纸将 SOYSH 的白色包装凸显在正中。周围印有实际饮用过的客人的感受

SOYSH 的网站。点击官网，白色的页面上会覆盖水珠，SOYSH 的 Logo 浮现出来。(http ：//otsuka.co.jp/soysh/)

课题

让市场认知大豆原料的碳酸饮料。

大冢制药的 SOYSH 包装设计由 lightpublicity 公司的堀尾正己操刀。1 瓶 SOYSH 约含 21 颗大豆的营养成分。

目标

打开店头销售和

海外市场。

1：1
原尺寸

珍珠白上散落水珠以表现碳酸的气泡。

白色背景上浮现黑色商品名

由于SOYSH是新型产品，目前没有竞争商品。无竞争商品虽然很有可能在市场占有优势，但在使商品特性浸透消费人群这一点上无法借其他公司之力，这是它的不足。

所以大冢制药采用以往很少用到的给瓶体覆盖白膜，用白膜完全覆盖瓶体的方法，远看清一色的白之上浮现黑色文字，虽简单但却令人记忆深刻，成功表现出新商品概念。象征SOYSH的珍珠白在6瓶连体包装上也被大面积使用，并在网站中作为主色使用，这些举措提高了交流效果。

SOYSH的销售过去限于官网销售。现在也在便利店和药店等店面开展销售。据说今后将以海外销售为目标，为扩大销售渠道，首先必须提高对新商品的认知度。包装上的珍珠白相信会在未来成功运作销售战略上发挥巨大效果。

第4章　向大热商品学习，抓住流行色

01

METHOD / FIREWORKS

通过活用、淡化色彩令月销售额达1000万

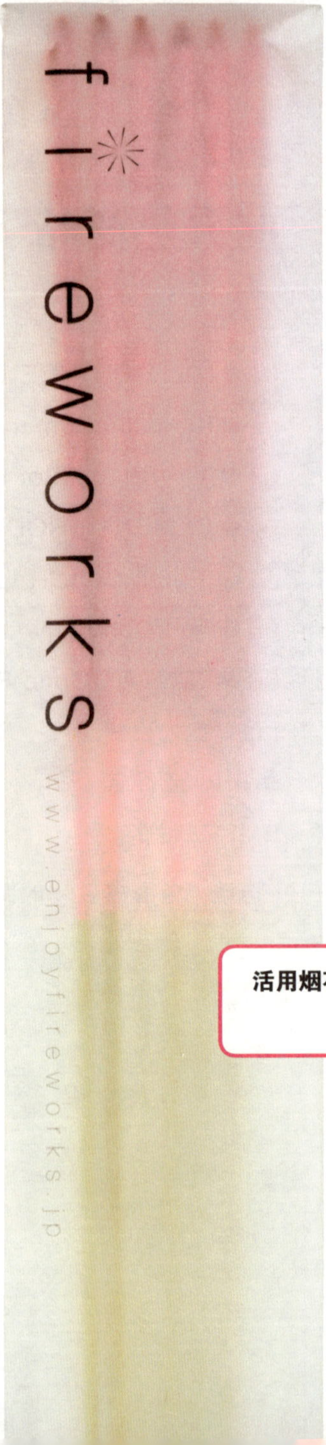

活用烟花色彩的包装

Design Active

鲜艳的粉红和黄色的轴组合在一起便是“FIREWORKS”的电光烟花。其选择的颜色适宜当作礼物使用。套装（含6只）定价为525日元。

平日不起眼的商品中也有通过色彩的力量提升价值的例子。METHOD发售的“FIREWORKS”是季节性商品烟花的品牌。虽然它于去年刚出现，可在第二年（2011年）的销售额已接近1000万日元。烟花的商战只有夏季里的1个月，所以综合考虑，这么短的时间里有如此多的入账可以说是十分了得的成果了。

究其急速成长的原因，主要是着眼于色彩的开发。FIREWORKS的成立并非自主研发新色彩的烟花，而是从对色彩的“活用”“淡化”这两个视角，通过灵活运用市场上现有的烟花，打开“礼品烟花”这一市场的缺口。

用色彩选择的“电光烟花”

FIREWORKS是一种对批发店、厂商销售的烟花进行选择，将其包装后出售给客人的商品。“烟花最低生产2万只，一旦开发为商品后压库

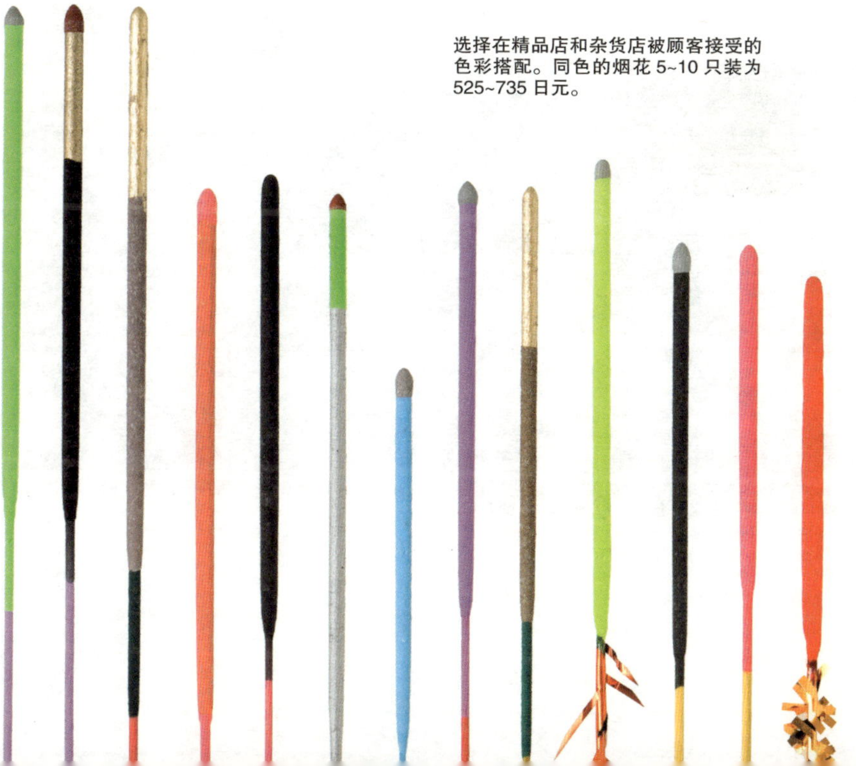

选择在精品店和杂货店被顾客接受的色彩搭配。同色的烟花 5~10 只装为 525~735 日元。

● FIREWORKS选择色彩的过程

通过色彩上的活用和淡化对成套出售的既存烟花进行选择。

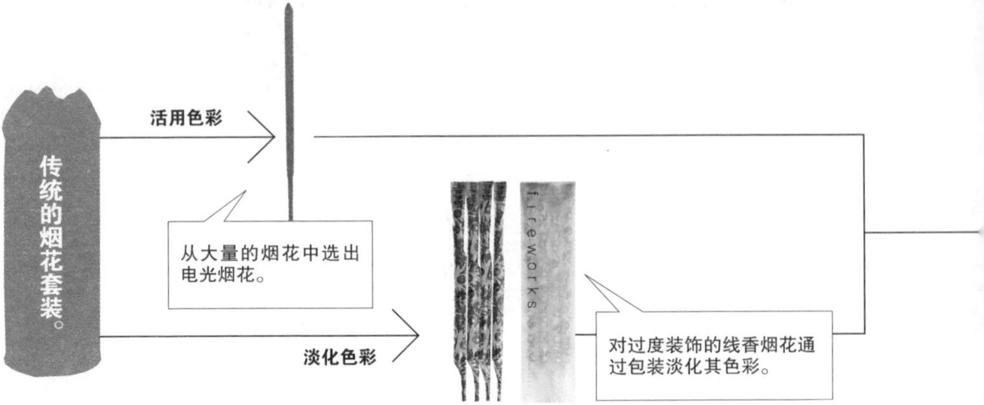

FIREWORKS 在店里销售的情景。半透明的包装上印有品牌名以产生统一感。它们和水桶、烟花相关书籍共同组成一个销售角落，以提高商品的吸引力。

的风险过高，另一方面，作为买家而言，我们帮他们实现了最佳选择。”METHOD的山田游如此说道。

他们选择的基准是色彩。从既存的烟花中进行选择，包装成可作为礼物的商品，以便在精品店或杂货店里畅销。通过活用色彩来提高烟火的销售力。

第 2 年月销售额
突破
1000 万日元

单看每一只电光烟花，它具有成套销售时不被人发现的特征。例如：卓有品位的灰色和橙色的组合，时下正流行的令人身心愉悦的维他命色，如：粉红、绿色、橙色等。对此，山田代表说：“通过对既存商品进行选择和重组，可使其看起来更加有品位。我们并不成套出售，而是通过单品销售展现其颜色的魅力。”

众所周知，烟花多以成套销售。那些成套的烟花被放在玩具店、超市、便利店等地销售。这一形式令人没有选择单品的机会，加之种类、数量众多，消费者很难充分选择，也很难分辨烟花之间的差别，所以会不知所措。因此，山田代表在提到创建品牌的理由时说：“通过选择并包装，可作为礼物的新烟花会吸引消费者前来购买。”

可是电光烟花也有其自身的弱点，便是它缺乏烟花的趣味性。虽然看上去很有魅力，但实际使用起来缺乏新鲜感。因此很明显，若只是发展电光烟花，消费者很容易厌倦它。

于是，山田代表重新研究后发现，真正具备商品意义的烟花是线香烟花。它是将火药装进筒里，可以享受发火的变化。同时也是一种过度装饰的烟花。

FIREWORKS开始平行销售电光烟花和线香烟花。据说电光烟花很好销，线香烟花却发生滞销现象。对此，消费者给出明确答复：“线香烟花的过度装饰不适合作为礼物使用。”

线香烟花比起电光烟花更有烟花的乐趣，但其过度的装饰令其无法作为礼物而畅销。于是右方半透明包装淡化了其色彩。

筒中装满火药的烟火可以享受发火的变化。它过度的装饰在批发点或露天销售时很引人注意。同色烟花 3 ~ 5 只为一套，售价为 525 ~ 840 日元。

Design Active

淡化色彩的半透明包装

不适合作为礼物销售的“线香烟花”

就这样，到了第二年（2011）临近夏天的时候，他们努力思考，想要改善线香烟花给人留下的印象。得出结果：“淡化”其强烈的色彩。具体来说是将去年使用的无色透明包装换成半透明包装。这种包装成了一种微妙的过滤器，弱化了线香烟花那过度的装饰。于是其销量飞升起来。担任FIREWORKS商品开发的METHOD公司的村上纯司说：“线香烟花销量上升到与电光烟花持平的程度，整个品牌的销售额达1000万日元。”

半透明的包装效果不仅淡化了线香烟花的色彩，还表现出品牌的统一感。

半透明包装产生统一感

此外，在店头摆放着烟花和相关书籍以及放烟花时必备的水桶，以提高对消费者的吸引力。更有甚者，在消费者试用某一只烟花时会有POP解说烟花的特点。在什么时候和什么人一同燃放最为开心，类似这些情景建议也很流行。

FIREWORKS以色彩为卖点，引起了烟花销售场地和销售方式的变化。山田代表说：“只改变销售场地和销售方式就可能令其畅销起来，这样的商品其实有很多。”

FIREWORKS时而活用色彩、时而淡化色彩，最大限度地发挥色彩的魅力。可以说是投入最少却十分有效的开发手法。

02

King Jim / Pomera

在销售店中以不被埋没的色彩决出胜负

发售后不足半年时间便完成了全年的销售目标，累计销量为预估的3倍以上，这就是King Jim的电子文具“Pomera”。

人们常议论道：其功能只是单纯的文字输入，用法也非常简单，竟成了大热商品。其实该商品的成功在于其缜密的色彩战略。既然其功能只是模拟电脑，那么在色彩和设计上必须非常新颖才行。

Pomera的色彩设定产生于其对既存电子文具色彩的设定。在市场上Pomera很可能和电子辞典放在一起销售。对此，担当设计的King Jim开发总部设计师户田直利表示，为了与电子辞典相区分，“打从一开始便放弃使用电子辞典常用的金属银色”。

另一方面，黑与白是无论任何商品都可令消费者放心购买的固定色彩，所以在这款以男性为主要目标的商品里，黑与白也被划入候选色。可是，仅是黑与白的话，摆放于家电商场的店头时容易被埋没，因此必须再有一款醒目的色彩。

不在外表露出金属色

说起在店头醒目的颜色，我们首先会想到红色。可是红色如今遍布各类商品，也不足以令人耳目一新。须知Pomera可是一款在功能上开创现

折叠式键盘，标准版为白色，豪华版为黑色。键盘上的文字和数字不是印上去的，而是用激光镭射刻上去的。

有电子文具先河的新产品。所以设计师户田想要一种能表现“King Jim所倡导的数码时代新文具”主题的色彩符号。正是个人所用商品，才更该具有像高级记事本那样，拿在手中很自豪的感觉。

户田首先在文具店、杂货店四处走访，调查现下的模拟文具都用哪些颜色。他注意到，高级的进口物品和文具里较多使用橙色。

“如果选用了橙色，就要极力打造其高品质感，弱化其给人廉价、轻薄的印象。”

例如：为产生荧光笔那样的光泽效果而采用了成本略高的UV涂层，但是若用常规涂层则易发生白浊现象，既然选用了橙色，所以还是UV涂层的好。

网上有顾客指出：“显色太好了，但是容易起指纹，会影响美观吧？”

针对该疑问，公司回应道“仔细到如此地步的人相信会勤劳地擦拭掉指纹的吧”，所以还是优先选择了显色良好的色彩。

顶盖以外部分的色彩设计也非常细致。为在店头发挥存在感，将黑、白、橙无论哪种色彩组合都能对比显著，公司决定对产品进行黑色涂胶。即对各连接处进行涂胶，这样连细微处都杜绝了电子辞典常有的金属感。

发售黑、白、橙三色的Pomera，如前所述，成为了大热商品。就个别而言，橙色较为个性化，相较于黑、白，在销量上略低，但在受欢迎程度上并不逊色。即使是大热商品，很多时候色彩差别造成的销量差距也很明显。而Pomera未造成这种巨大差别的原因在于它选色的成功。其选色不仅组合在一起看美观，单独看也极具魅力。

Pomera自2008年11月首次发售以来，人气经久不衰。公司方于

Design Active

决定成败的橙色

从连接处到侧面都被涂胶，这样可去除金属感，演绎高级感。“Pomera”的标志为不影响橙色的显色，印制相对内敛，不像电子辞典那般大大地印在顶盖上。

● Pomera 色彩决断流程

银色　红色　白色　黑色　?

标准版“DM10”（27300 日元）：黑、白、橙色。豪华版“DM20”（34650 日元）：黑色、茶色、银色。友好版“DM5”（20790 日元）：粉红金色、闪烁银色、酷炫黑色。友好版的用色以手袋、口红的化妆品为参考，是款面向女性的产品，之所以配黑色是考虑到女性中也有偏好男性色彩的人。

只有黑、白令人印象淡薄，会因为银色或红色等较有存在感的色彩而埋没店头，所以 NG。

标准版

珍珠白　黑色　橙色

手掌备忘录
“mamemo”

改变了素材，令色彩更加凸显出高级感。并应消费者要求加入银色。

橙色演绎文具感，同时也是 King Jim 电子文具系列的符号色。

豪华版

黑色　茶色　银色

为吸引女性客户，投入面向女性的色彩。

友好版

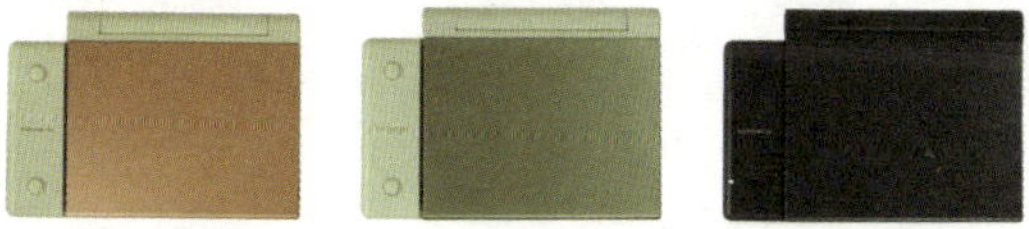

粉红金色　闪耀银色　酷炫黑色

2009年12月追加了“DM20”，它是高机能版同时也是豪华版。正因为既存机种畅销，所以在选色问题上需更为慎重。因为若选了销路不好的色彩导致库存增加，会降低整个系列的受欢迎度。

豪华版为增加高级感，加入了皮革素材的黑色和茶色，这样更显优良质感。同时，最初放弃的银色应消费者的希望，此次也加了进来。选用这一略带白色感的颜色可以有效调和四周的黑色，产生高级感。此外，曾经白色的键盘也换成了黑色，按键刻印成了金色，实现了全黑，更加提升了高级感。

目前，为追求使用的轻松感，令女性手持也无不适感，柔色系正被尝试加入下一代机型中。

巧用弃色和基本色

King Jim色彩战略的细致性在Pomera以外的商品中也有充分体现。该公司的文件夹是长期受欢迎的商品。它有5款基本色——黑色、蓝色、绿色、黄色、红色。在销量上，蓝色具有压倒性优势，占全体销量的7成。其他色彩销量稍逊色，其中黄色销量最低。

但是，没有必要丢弃黄色。公司方将黄色作为“弃色”使用。在店头并排看色彩效果时，有无黄色会大有不同。若去掉黄色，整体色彩会暗沉许多。

另外，与子公司共同开发出的女性用品品牌“Toffy”采取绝不胡乱增色的战略。

“Toffy”有4色：樱桃红、酸橙绿、砂糖白、巧克力棕色。无论哪一款产品都以这4色为基本。若想加入其他颜色，只加和4色中任意1色都不发生冲突的深蓝和黑色。

有时候，4色中某色也会与产品不相配。此时可以把棕色调整成黑色，

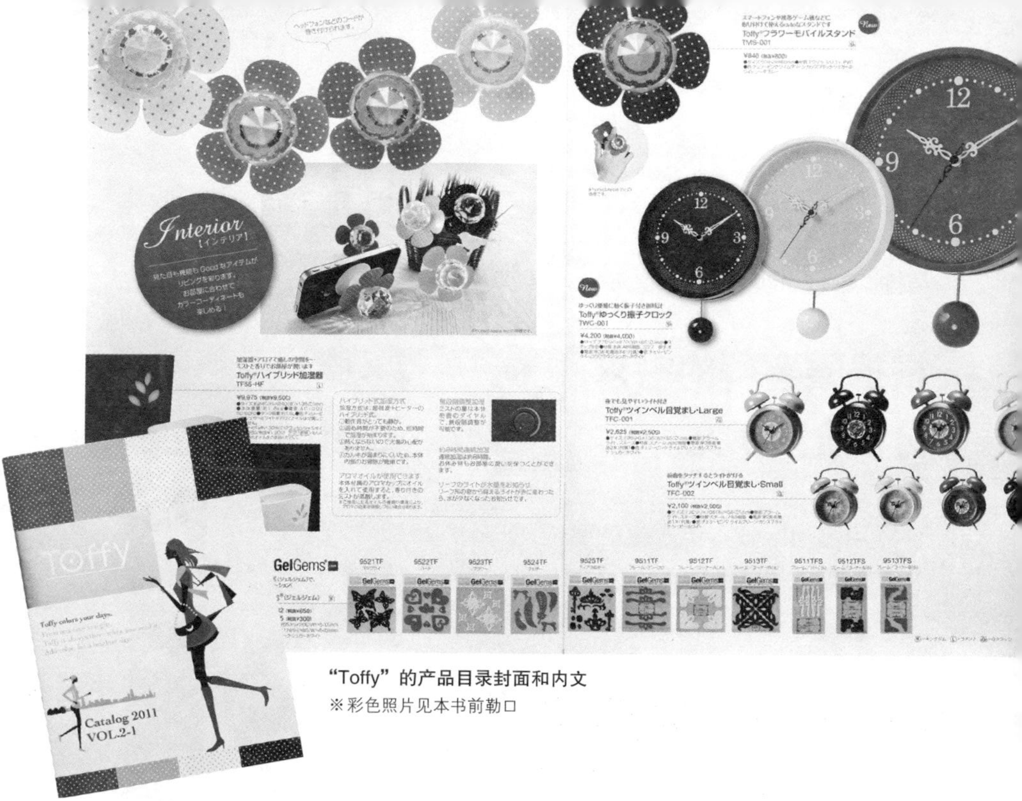

“Toffy”的产品目录封面和内文
※彩色照片见本书前勒口

不破坏品牌的统一感。另外，粉红是畅销色，它甚至可以独立支撑起热卖品。

作为生活用品，“Toffy”的基本色十分清晰，不过有时家具等难以与之调和。但实际上这是由于其中有“享受生活、给生活添彩”的目标。

若是清淡色彩，则与传统的生活物品无甚差别。此外作为其主攻目标的年轻职场女性，这一人群很难身着大胆颜色的西装或是在公共场合表现个性，因此会希望在私人物品或细节处体现个性。

在同行业的其他公司看来，King Jim是一家作风大胆的企业。其废除了生活感的色彩和彻底的统一感令人印象深刻。对于想收集颜色系列的人来说真是值得开心，所以各色在销量上无甚差别。话虽如此，若一直只是这4色或许会令顾客产生厌倦。据说今后将在色彩和谐的许可范围内改变4色中的1色。

03

吴竹 / ZIG Letter pen COCOIRO

根据顾客群的需求分3阶段扩充

用笔帽区分彩色水笔的墨色，这或许是过去的常识了。

文具用品制造商吴竹于2010年发售的“ZIG Letter pen COCOIRO”是一种可以自由组合本体和墨管的彩色水笔。例如：黄色的笔写出蓝色的字；蓝色的笔写出红色的字。若不知道这一窍门，在书写的一瞬会被吓一跳，拥有一份意外的新鲜感。

开发COCOIRO之初是想将本体与墨管分开销售。“在书写愈

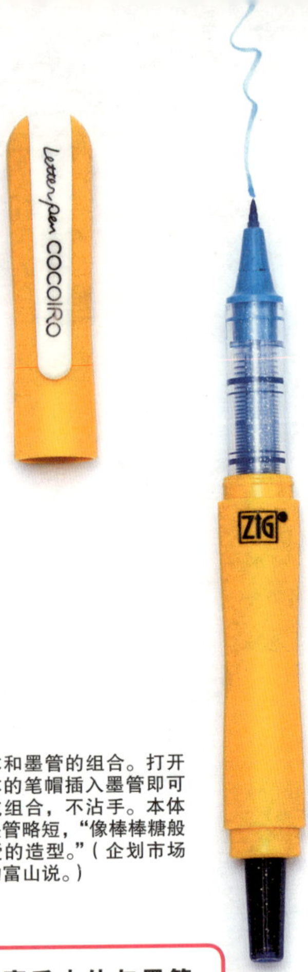

本体和墨管的组合。打开本体的笔帽插入墨管即可完成组合，不沾手。本体比墨管略短，“像棒棒糖般可爱的造型。”（企划市场部的富山说。）

享受本体与墨管的配色组合。

Design Active

本体157日元、墨管210日元（含税）。虽说是墨管，其实是由加了金属线材料的PP管制成，具有透明感。可以在本体里替换使用，所以似乎也有不少消费者只买走所有墨管。

● **ZIG Letter pen COCOIRO 的色彩战略**

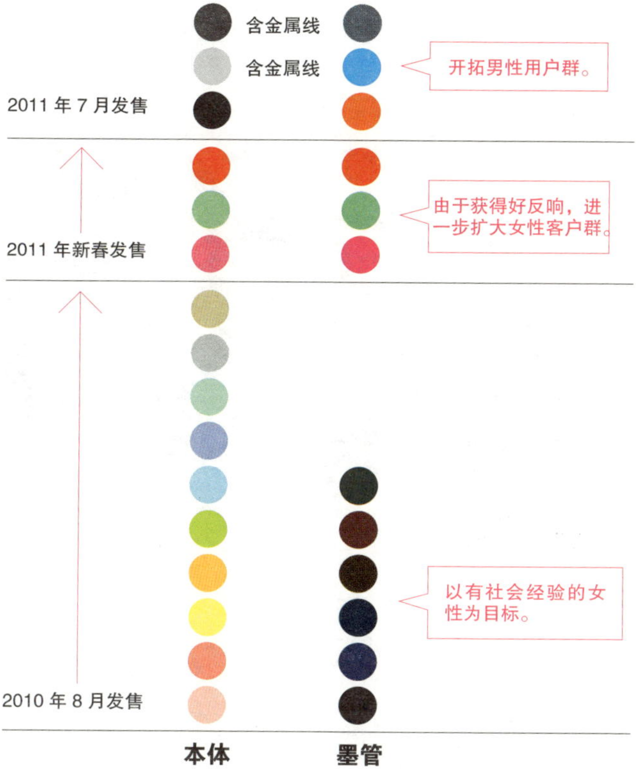

考虑到本体造型和配色这一最大特征，在店头为其准备了让所有包装都站立、可观正面的盒子。盒子颜色为文具卖场较为少见的黑色，令商品更加醒目。

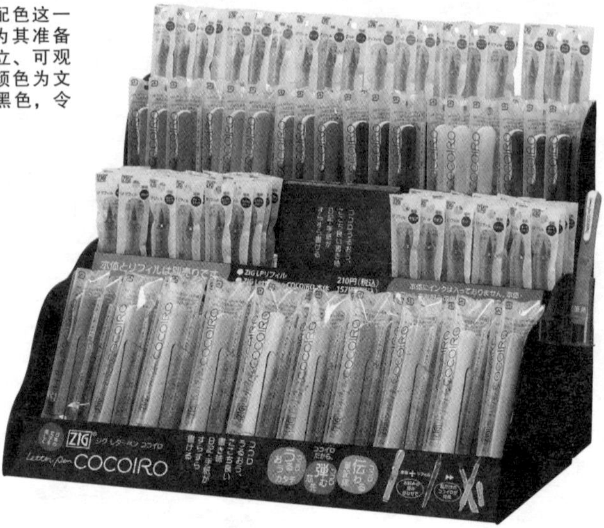

发减少的现在，想要令人们再次感受用心书写的美好，再次对日本‘和文字美’产生兴趣”。出于这一想法，企划市场部的富山比吕子提议除了任何场合都能使用的黑色，增加其他色彩。

手写文字和笔给人一种“有难度”“使用人群有限”的印象。吴竹公司将顾客目标设定为有职场经验的女性，对产品的设计目标为“像签字笔那样易书写，像时尚物品那样抓在手中令人心情愉悦”。

该产品的本体比传统的笔短，为圆滚滚的流线造型。为令其具有“和文化”的印象与怀念之感，采用清淡色彩的基调。由于它将是该公司传统商品所没有的设计，所以在正式推出前也给顾客留下很大悬念。

对此，富山反复说服各方，直到临近发售日仍反复试验，总算实现了企划初期的设计理念。

2010年8月发售日，他们呈上了本体10色、墨管6色。为本体色彩的命名也着实花了一番心思。“梦莓”“消夏夜”“秋和栗”等具有日本传统印象的词语，使这些清凉色彩令人回味无穷。

另一方面，墨管统一采用深色。以便于书写的钢笔墨色为参考，配以制笔商多年经验凝练而成的笔尖。亮色的本体和暗色的墨水，无论怎样组合都会给人良好的感觉。

享受自由组合

设计者表示，其实当初打算将COCOIRO设计为10种清淡色彩即告终止。可是销售店传来顾客的呼声，展示会上也引起巨大反响。所以在销售半年后决定投放新色彩。真是一次意料之外令人开心的误算。

根据这些反响，公司方面决定追加鲜艳的色彩，用以扩大客户群。2011年新春时推出的本体和墨管各3色，令人联想起南国的花和果实。考虑到发售时期的季节感，公司采用华丽、令人愉快的色彩组合。墨管和笔都给人彩色水笔的轻松印象。

到了2011年夏，为吸引男性顾客，公司追加了相对单调的本体和墨管各3色，也不单纯是黑白，而是混入了金色的黑和半透明质感的白。据说深受喜爱高级文具的女性的好评。

从职场女性，到更大范围的女性乃至男性，设计者并未改变产品形状，只是通过增加色彩来一步步扩大客户群。

现在该产品本体共16色、墨管共12色，拥有192种配色的可能。用户拥有很高的自由选择度。相信选色的快乐会引起顾客的好奇心，进一步扩大客户群。

04

CEMENT PRODUCE DESIGN / Perch Cup、Trace Face

被认为不好卖的颜色也能成就畅销品

大阪设计公司CEMENT PRODUCE DESIGN遇见了因销量下降而困扰的爱知县濑户市的制造商前来咨询，于是两家合作，共同开发了具有濑户风情的带柄大杯Perch Cup，继而又开发了喝热水用的茶杯Trace Face，两种产品都很畅销。特别是Trace Face卖到断货，从而不得不暂停公司的内部销售。

"Perch Cup"（3150日元），由爱知县濑户市的工人制作出的陶制带柄大杯。设计为一只小生物静静栖息在树上的形象。右边是宣传用的海报。照片由设计公司CEMENT PRODUCE DESIGN所摄。该公司用心拍摄了便于小卖店张贴的海报照片。

Design Active

关键色是陶制餐具中很少用的绿色。

● Perch Cup决定色彩的过程

● Trace Face决定色彩的过程

事实上，将所有样品放在一起时，起初被认为不好销的颜色反而成了最畅销的。不仅如此，当与其他颜色放在一起时，这款颜色也点亮了其他颜色，这便是绿色。

起初选择了Perch Cup的颜色时，起决定作用之一的是生产规模。由于承包生产杯子的工厂规模很小，不能大量生产，必然只能少量出售。可是，小规模只生产单一色风险较大，于是决定生产多色，为消费者提供选择的空间。

决定颜色时，CEMENT PRODUCE DESIGN的金谷勉社长参考了西洋风的餐具，专门视察了卖多色商品的店铺，并调查在日本国内未销售的颜色，进而根据自己的经验，用心列出5种消费者易接受的颜色，即白色、茶色、素雅绿、蓝色、灰色。

绿色的洋餐具不好销?

做釉瓷调整的工人表达了对绿色的看法：“在濑户产品没有做过绿色

“Trace Face”（2100日元）。陶器难以表现的毛衣图案。涂上釉瓷会令网眼看不清（左前）。不涂釉瓷会有网眼的质感。所以决定只在杯子内侧涂上釉瓷。

的洋餐具。它不符合洋餐具的风格，会不会卖不掉？”被工人这么一说，金谷先生发现国内确实没有一家店铺销售素雅绿色的洋餐具，这是他始料未及的。

可是，由于是第一次做的商品，无法判断哪种颜色畅销。金谷先生回忆说：“我们决定首先制作多色，第二阶段时转为只制作畅销的色款。”

结果大大出乎人们的预料，绿色和茶色最为畅销。这让金谷先生吃了一惊。绿色畅销的原因恐怕有两点：一是它符合树木和小鸟的主题；二是销售季节临近年末，比起亮色，沉静的颜色更令人喜爱。

与Perch Cup的设计几乎同时进行的Trace Face的颜色为白色、粉红、蓝色、绿色。这4色也是经市场调查后决定的。特别是粉红，连做釉瓷的人也说：“和绿色、茶色放一处时色彩效果最好。”所以坚决地放入了备选色中。

另一方面，关于绿色，金谷先生表示：“最初有点儿犹豫。”由于和Perch Cup同时进行，此时尚未确定绿色陶瓷是否好销。但是将各色放在一起时，加入绿色后，整体的色彩感得到明显提升。所以决定作为插色使用，结果每款色彩都很畅销。

如前所述，Trace Face的高人气导致出现断货，于是我们用了不同图案制成全套，它最终发展到被大艺术家选中作为演奏会用品。

金谷社长还说：“Perch Cup中的灰色和蓝色起初并不好销，随着季节的变化，到春夏季节时迅速畅销起来。所以配色设定常常带来出乎意料的结果，相信今后在换色时也会很有趣吧。”

05

And Company / Crocolabo

不做“没见过的颜色”

2011年7月，在东京召开的亚洲最大规模文具展览会“ISOT2011”（国际文具、纸制品展）上，有一款新产品受到来访者的关注，它叫Crocolabo，被称作“猛兽文具”，封面是鳄鱼革状的笔记本、文件盒、活页夹等一系列文具。乍看之下每件文具都像真的鳄鱼皮，实际上是压烫效

Crocolabo 的 A4 笔记本（1365日元）。由于过浅效果不佳，故而将压烫的花纹深度做的比通常更深些。

● Crocolabo 笔记本的色彩决断过程

色彩样本条

包

记事本

笔记

不是选择笔记本的颜色，而是选择包和记事本等皮革制品中的颜色，并且不选择合成革的颜色。

黑色

茶色

白色

果的纸制品。

其非常真实的色彩和图案留住了买家的目光，它们不仅在自家官网上销售，还和文具店签下合同，于2011年11月在东京日本桥的三越总店先行发售新色笔记本。我们可以预想今后必会大热。

Crocolabo的提案者、制作者、And Company的大泽庆久社长介绍说：“关于颜色，为了接近真皮效果，我们一开始便排除了便宜皮革和合成革易采用的颜色。”

首先他们选择颜色样本做烫压实验以确认质感。不是笔记本的颜色而是把高级皮革包、记事本、钱包等皮革小物件易选用的颜色汇集到了一起。

笔记本上的环以包的金具印象为标准，采用金环而非银环。此外，封面上若仔细看会发现有皮革同样的污痕和留下的阴影。

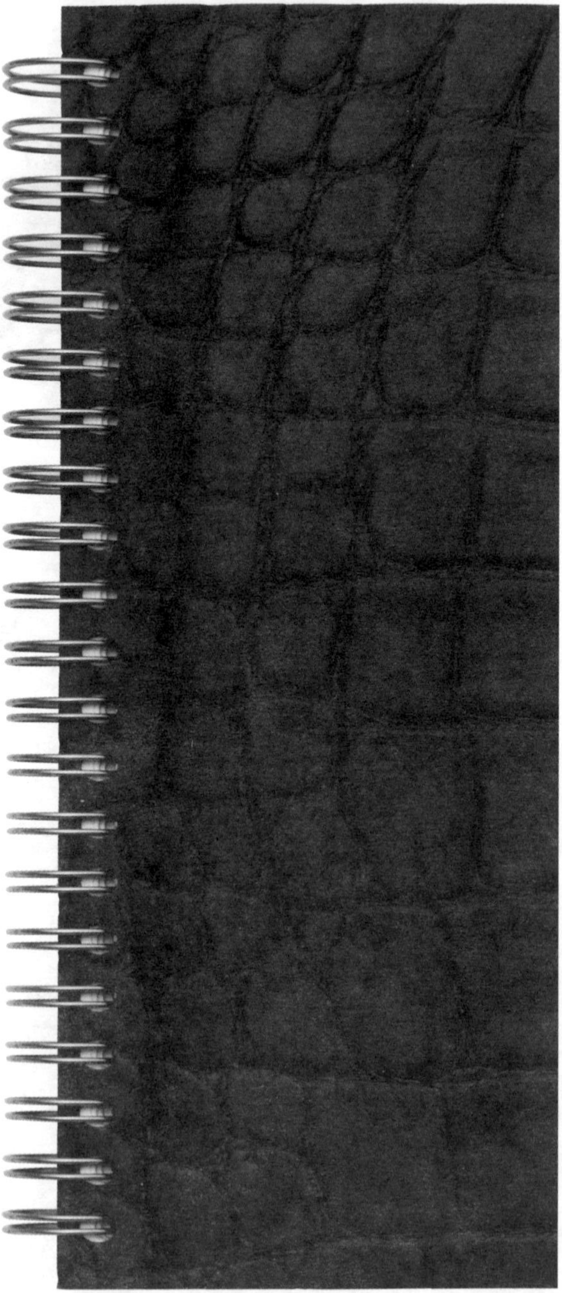

特别是他们以易产生高级感的亚光系为中心对其进行选择，选出了黑色、茶色、白色3色。在追加新色时，他们考虑到在女性人群中很受欢迎的品牌“MIUMIU”，故而选择了珍珠白。那时珍珠若光泽过强，则会被认为是便宜货，所以选择了亮光系与亚光系之间的颜色。

采纳服装的构思

Crocolabo为表现真实感，将皮革图案上的斑块做得比普通皮革大。对于笔记本来说也是相当大的斑。但是有魄力又过于醒目的话，作为文具反而难以抓在手中，所以设计方决定通过细微处色彩的配合，实现从包里取出时不与衣着相冲突的效果。所以虽是文具，但却采纳了服装的构思。

由于是带金属环的活页笔记本，环的部分没有用普通的银色，而是具有高级感的金色。其实在设计阶段考虑过银环，结果银环令封面看起来像铝板，不像包或钱包，故而放弃了银环。

大泽说："既然是向社会推出新商品，那就必须具有前人未有的特点。但是若不采纳以往色彩和素材的要素，便不会成为大热商品。"

确实，若全是没见过的色彩或形状，首先会产生异样感，消费者不会购买。相反，可以利用“好像在哪儿见过”“令人感觉很熟悉”等特质选出好颜色。

Crocolabo的笔记本为了演绎出立体感，除了采用接近真皮的色泽，设计方还花费心思，刻意制造出污点。弄出与真皮同样的污点，并产生阴影，更添一层“皮革感”。

除了笔记本，他们还有收纳盒。今后还打算依次推出A4大小的2孔活页夹和记事本用的活页夹、长钱包、名片夹、手纸盒。同时也将增加红色。

06

PENTAX / Optio RZ10，Optio WG-1

从运动装里得出灵感的颜色

Design Active

绿色数码相机在卖场特别耀眼。

搭载光学10倍变焦镜头的“PENTAX Optio RZ10’”。颜色除了“酸橙绿”（上）还有“经典黑”“紫色”“纯白色”，共4色。酸橙绿和紫色“在卖场格外显眼，令人爱不释手。”（铃木主管）

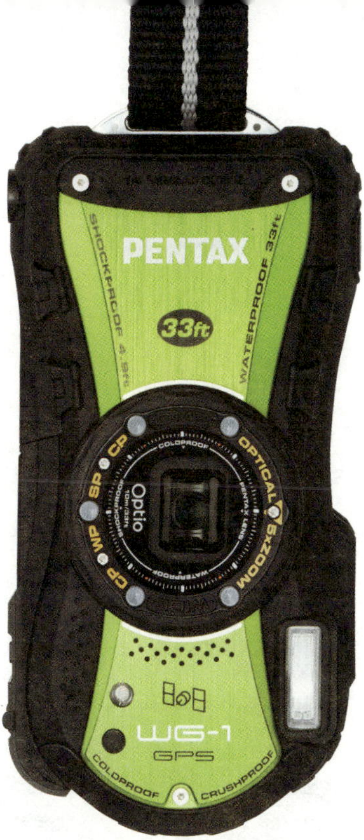

“PENTAX Optio WG–1’” 定位不仅是防水相机，还是户外相机。颜色有“绿”“灰”“黑”“紫”“橙”，共 5 种。其中，“绿”“灰”“橙”搭载了 GPS 功能。

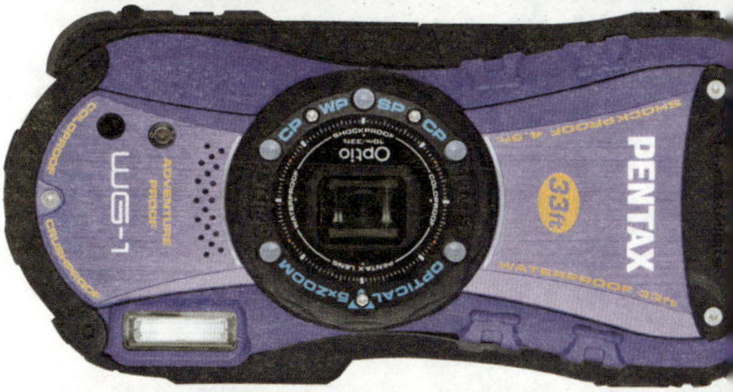

初见之下绚丽夺目的绿和明亮鲜艳的紫，这便是PENTAX的数码相机“Optio RZ10”的色彩，是其他相机所不具备的生动配色。为何要选这种色彩？

这款相机搭载光学10倍的高倍率变焦镜头。“在此之前的许多高倍率变焦镜头的相机都是从性能入手，RZ则与之不同。”说这番话的是HOYA PENTAX形象系统事业部企划小组主管铃木健夫。在高倍率镜头上后发起步的该公司，若再走与同类商品相似路线则无甚胜算。于是设计者以“适合休闲使用的高倍率数码相机”为目标，采用简单又不浪费、无机械感、小物件似的设计。

与这种设计相吻合的颜色是什么呢？想要灵巧的、休闲的，令人愿意主动使用的。所以铃木主管在身边的颜色中进行挑选。他关注了运动用品世界。“最近女性跑步者有所增加，不少人穿着多彩的跑步裙和护腿，装备齐全地奔跑。我们研究了这些运动装中受欢迎的颜色。”（铃木）经过综合设计和相配程度的考量，最终胜出的颜色是绿和紫。

● PENTAX Optio RZ10的色彩决断过程

加入高倍率变焦镜头。相对于其他公司的高端路线，走休闲、运动的路线。

↓

以休闲和运动为关键词，关注运动服装，研究受欢迎的色彩。

↓

从研究结果中选用“酸橙绿”和“紫色”。

紫色有胜算

另一方面，防水相机“Optio WG–1”也将绿色和紫色放在一起。不过，“它们的决断过程完全不一样。”铃木主管说。传统的防水相机设计时考虑到下海时使用，多选用蓝色系。此外，Optio WG–1不单是防水相机，还可在户外运动等场合使用。它搭载了登山或环山游览时使用的GPS功能，满足了各种需求。

搭载GPS功能的机型采用户外运动装备的常用色——绿色。随后又追加了充满户外运动感的紧急状态色——橙色。没有搭载GPS的机型采用时尚的紫色，并配以金黄色的标志。

虽然紫色很少用于数码相机，但制造商对此相当有自信。他们于2009年发售的单眼相机“PENTAX K–x”中提供100种、其后2010年发售的“PENTAX K–r”中提供120种机体与手柄的配色组合以供选择。

“我曾有预感，紫色会成为用户十分中意的颜色。”同组的川内拓主管明确表示。虽然这是相机领域中十分大胆的色彩尝试，但这份经验今后还将不断诞生出未来的产品。

Idea / 室内百货等

概念色在店头有压倒性的优势

完全没想到红色最为畅销。

Design Active

红色最为畅销的“music ballon”（价格 3990 日元）。其名其形令消费者想象到的不是喇叭，而是气球＝红色。和受房间风格限制的家具和受场景限制的服装色彩相比，生活百货和整个房间的搭配要相对自由、灵活。所以，人们比较偏好醒目的颜色。

比起更像散热器的红色，白色更畅销。

Idea 将家电必备的白色加入散热器阵营。设计小型风扇式散热器“Bucket2”（6825 日元）时，因为是冬季家电，设计者曾预测暖色系会畅销，事实上最受欢迎的还是白色。由于受到 Nostal（下）绿色成功的启发，也采用了绿色。

明明是冬天，冷色系的绿色却大受欢迎。

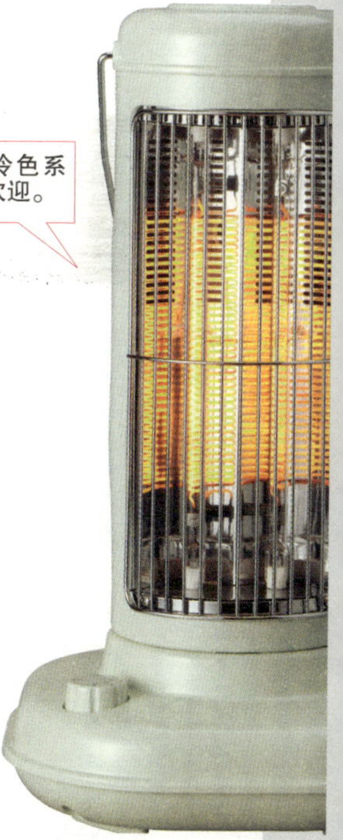

“Nostal Stove”（7980 日元）重 1.5 千克，是女士也能移动的轻量型。虽然投放了女性喜欢的粉红色，却没有预想般畅销。因此把粉红色从阵容中剔出，加入了橙色。

去销售现场聆听——“现在畅销的色彩，将要畅销的色彩”

从进口货到公司独自企划的商品，Idea销售范围广泛。那么在看准畅销色问题上，店家在进货和商品企划时需关注哪方面呢？

“所谓‘趋势色’‘流行色’，未必是畅销色。有时设计者极力推荐的颜色也未必会畅销。不过，概念色通常都会很畅销。”说此番话的是Idea国际部的野中真由香，经营部室内百货组组长。

所谓概念色，指符合该商品基本概念的颜色。

具体可举出以下事例：可连接在ipod上的便携式话筒“音乐气球”（YUENT），在店头摆放的5色效果如182页图。这一形状的便携式话筒很少见，设计者也完全没想到哪款颜色会畅销。结果卖得最多的是红色。若探其原因，是因为红色最容易令人联想起气球这一概念的名称、形状。对消费者而言，也是无意识中异样感最少的颜色。与其说是话筒，不如说消费者看到的是气球。

尤其是前文提及的野中，他确信在室内百货方面，这种“强烈的概念色”充分体现在发售“Nostal Stove”时。Nostal是竖长形的散热器，正如其名字那般，令人联想起过去那种令人怀念的石油炉。即日本昭和时代学校教室里也称作黏土色的绿色炉子。实际上早在企划阶段，绿色即被作为候补的配色方案之一被提上议程。

但是绿色存在一个问题，销售季节是秋冬季。“像绿色那样的冷色系在秋冬季不好销售。”这是业界的常识。所以公司内部有人提议既然是散热器就该用暖色调。

可是野中认为：“从怀旧这一概念上说，绿色是不可或缺的。事实上绿色与其外形最为相配。”于是他顶住压力加入了绿色并展开销售。结果如他所言，绿色最为畅销，超过了女性最爱的暖色系——粉红。

野中说 :“这是因为那个颜色最符合概念吗？我们可以反过来说，概念多大程度地被反映出来，我相信这是看准畅销色的最重要的标准。”

现在卖场里最热卖的颜色是什么？

据说可能是紫色。“流行从维他命色向粉红、绿色转移。今后若在阵容里再加入新色彩，那便是与粉红和绿都很相配的紫色。紫色调目前还很少，有开发的余地。”（野中）作为大的流行趋势，令人沉静的、有品位的颜色当引起关注。消费者经历过震灾后的节电，习惯了在缺乏亮光的状态下看颜色，“越来越多的LED灯采用沉静的色彩。今后，消费者喜爱的不是荧光色，而是高品位的色彩。”野中从店头做如上分析。

伊东屋 涩谷店

文具的流行色是酸橙绿

“最近，文具中较多采用维他命色，其中最抢眼的是酸橙绿。”说这番话的是伊东屋涩谷店店长佐古玲。近年来，文具常常被日本电视、杂志制成特辑而受到关注。对文具店而言，这是一次追风。

提高文具人气的要因之一是配色。据说酸橙绿是卖场中最吸引眼球的，是男女老幼都难以招架的“胜利色”。

例如，长久以来作为办公用品的订书机都以素色为主。最近的新产品则多采用鲜亮的颜色。易搭配的酸橙绿成为卖场的人气色彩。

办公文具变为自己购买的时代

社会人，特别是女性，她们有意识地按自我喜好搭配自己的办公桌和周边的环境。“即使贵，也有很多客人愿意购买喜欢的颜色。”佐古店长说。过去办公室里的文具都由公司统一提供，现在很多公司为节约成本改为各自购买。用户对商品有了选择权，提高了对多样色彩的需求。

对高龄者而言，鲜亮的颜色提高了使用时的便利性。佐古店长说：“上了年纪的客人们倾向于便于在包里寻找的醒目颜色。”

在店头，鲜亮色发挥着吸引客人的效果。过去的文具，功能和式样是最大的选择基准。现在，颜色的鲜亮程度“煽动”着消费者“顺便购买”“冲动购买”的欲望。

如今是在网上可以轻松购买文具的时代。相对于网络，实体店的优势

伊东屋涩谷店出售的酸橙绿商品。左上起顺时针，集夹子和圆珠笔为一身的sun-star文具公司的“binder ball”（399 日元，含税，下同）。Pilot 公司的圆珠笔“BKHL-30R”（315 日元）。Raymay 藤井的笔型剪刀“pen cut”（630 日元）。Pilot 公司的加压圆珠笔“down force”（420 日元）。可装 40 枚钉子的 max 公司的订书机“HD-11FLSK/B”（1575 日元）。Plus 公司的无针订书机“SL-106AB”（945 日元）和 KOKUYO S&T 公司的“Harinacs”（945 日元）。King Jim 公司的“shot note”（1260 日元）。

在于它提供了一个可以直接看、直接触碰商品的空间。而这些是网店难以提供的。以丰富的色彩为切入口，若能在店头布置展示角，文具的销售前景将是十分乐观的。

SMPRE 总店

发展多色，玩色彩游戏

室内用品店SMPRE最近在大力推出具有丰富色彩乐趣的商品。例如，拥有13种颜色的“URBANEAS”。

此外，SMPRE接纳了北欧风格的家具品牌“Fritz Hansen”，对于今年的新作沙发，设计者设计了10种颜色。虽然沙发整体看是同样的颜色，但靠垫和靠背在色彩的浓度上呈渐变色。

2011年秋冬季时，预计设计方利用“色彩”和“素材”组合成新词——色素，开展一场以色彩为主题的设计活动，以发表商品。

SMPRE的执行官神原久康说：“在色彩中既有从多种颜色中选择的快乐，也有用1种颜色进行多种组合的快乐。应当扩大消费者在百货中对色彩的选择范围。”

消费者在看到店头的堆头时，往往会拿起平时不选的颜色，有时甚至

"URBANEARS"系列的"PLATTAN"（7350 日元）网罗了暖色系和冷色系。随耳机本体附送与友人同时听歌时所需的耳塞。

※彩色照片见本书后勒口

会买下。

"URBANEARS也是这样。虽然鲜艳的青绿色和粉红色聚集了大量人气，但最近令人沉静的乳白色和浅黄色也开始受到人们的喜爱。"（神原）

与海外相比，日本在百货上对同色系的开发较少。虽然都说是绿色，不仅有荧光色的绿，若同时准备薄荷绿等淡色，便提高了可能性。在流行飞快变化的今天，这样的色彩战略也是可行的。

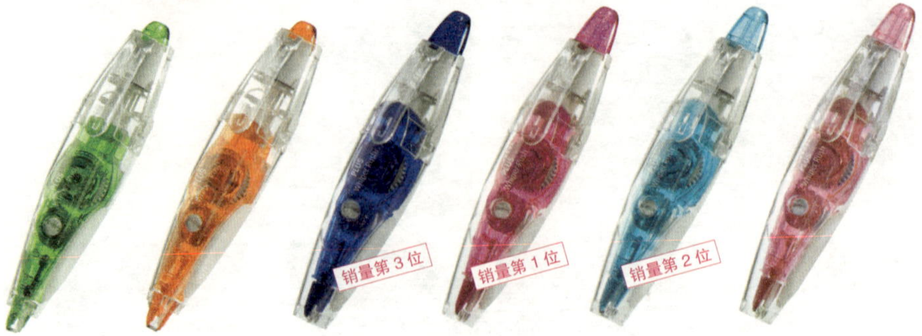

"Whiper Rush"（262 日元，含税），2011 年 4 月发售。可单手操控头部的笔式修正带。采用流行、可爱的彩色环和具有透明感的设计，各宽幅配有 2 种颜色供选择。（左起）4.2mm：绿色、橙色；5mm：蓝色、粉红；6 mm：浅蓝、淡粉红。

访谈 色彩感变化的文具

年轻人在办公室选择喜欢的颜色

主营办公室家具、文具、办公用品的Plus公司，其社长今泉公二自担任商品开发部长时代起至今依然保持着亲自决定设计和颜色的习惯。他对于文具这一消费品是如何看待的呢？

《日经设计》（下称ND）：听说您在当上社长前，在商品开发部负责商品企划工作，是这样吗？

——（今泉）我那时进入的是家具开发部，后转到文具部，再之后便很快担任全体商品的企划开发。一边看着文具的样本小条，一边对工作人员说"选这个和那个"，就这样决定了商品色彩。20世纪80年代后半期大热起来的商品有"Team-Demi"（迷你文具套装，总销量约600万个）、"PsBAR"（面向女性顾客的迷你文具套装，总销量约1000万个）、"Factory"（旅行文具套装，总销量约400万个），等。

"roller keshipon"（735 日元，含税）于 2010 年 5 月发售，是保护个人信息的新产品。由于滚轮式的可按式特殊印面设计，可有效遮盖文字。（上左起）白、绿、蓝、粉、黄共设计了 5 种色彩。

ND：那些商品都有Plus的风范啊！请具体说说决定商品色彩的标准是什么？

——直到今天，我对文具的感想都没变过，那便是一句话"是文具，却又不仅仅是文具"。虽是小商品，却也是能为生活或工作空间带去快乐的存在。我认为这既是制造者的责任，也具有文化意义。包含色彩、设计、功能。此处有3个词贯穿其中——"流行""雅致""简单"。作为Plus设计者的自我认同，我也希望社员都能重视这3个理念。但这并不意味着要用相同的颜色，但必须能够充分表现当今时代的"流行"。

乍看之下，这是表达不同方向的3个词，因此令三者保持平衡的共存非常重要。可以说在实际的商品开发中也是相同情况。顾了那一方便顾不上这一方。若费用许可则尚可兼顾，但我们必须在不浪费的前提下整合相反的事物。

取代黑色的深蓝色和珍珠色

ND：对于基础文具您也持有同样的看法吗？

——那是当然。特别是近年来如修正带那样的日常文具，它是被称作

"新基础文具"的快消产品。最近的事例有：2007年发表"keshipon"，之后我们又提高其性能，于2010年发表"roller keshipon"等。作为新基础文具的代表，我们设计了5种色彩。

ND：您是否感觉到色彩在销量间存在明显差别？

——整体来说有一种倾向，那便是蓝色在加深，绿色系在增加，白色也被越来越多地采用。过去是黑色的世界，而现在几乎看不到了。取代它的是日益增加的珍珠色和深蓝色。另外，作为时代的流行色，我们考虑向绿色进发。

Plus在2~3年前开始积极开发B2C商品。此前的B2B时代里，绿色和粉红色是很难被采纳的。变成B2C后，色彩的候选范围变大了，这是个很大的差别。

interView

今泉公二

Plus社长

1980年8月入社以来，主要从事文具、办公家具的产品开发、市场领域的工作。现任社长，统括整体经营。

ND：现在进行商品开发时还会对色彩做出具体的指示吗？

——面向初高中生的商品，我都很信任社员，放手让他们去做。但是为了不降低品味，我会在这一点上做严格的审查。负责人有可能完全投入设计中而失去了客观的判断，所以我会在操作性、外观设计、安全性、色彩等方面给出客观的最终判断。这是我应发挥的作用。

ND：开展 B 2 C商品对B 2 B市场有何影响？

——应该说带来了好影响，而非坏影响吧。我认为它增加了公司产品在市场被人关注的机会。因此B2B也会跟着变得易选择了。B2B和B2C在连接顾客方面都大有裨益。

根据调查，“办公室里每天使用的色彩，即使自掏腰包，也要选择所爱”，持这种观点的年轻人占压倒性多数。在削减办公室经费，让社员自己购买文具的背景下，选择自己中意的文具的人群在不断增加，办公用品的设计正发生着巨变。

ND：市场上的文具正向多彩方向发展，您觉得这一倾向有可能回头吗？

——我们公司自2008年起开始增加产品色彩，我们认为今后色彩的竞争还将继续。无论从哪方面看，我们都想要树立Plus风范。话虽如此，但若过于先锋，也会失去Plus风格。所以我们基本上还是在追求“流行”“雅致”“简单”这些愉快、洗练的色彩和设计。

第5章　从300人调查数据看色彩的力量

●调查概要：

本章将进行社会调查，在实际销售的商品包装上添加其他假定的颜色，看消费者有何反应。至于那些没有销售的包装色，本书独立制成专供调查用的色彩小样，这些小样本书没有收入，只在调查时出示给消费者参考。调查时间为2011年8月，在网络上展开。有效回答数为男性155人，女性155人，共310人。其中20岁以上、30岁以上、40岁以上、50岁以上、60岁以上各年龄段有男女受访者各31名。

每款颜色代表截然不同的“产品功能”

如果赋予资生堂“TSUBAKI”更多的色彩选择……

资生堂“TSUBAKI”系列洗发水

市面销售的几款颜色

土耳其石蓝绿色　紫　深蓝　银色

Q1　上图为洗发水包装色，看了照片A~G后，为以下提问选出最适合的答案，请作答。

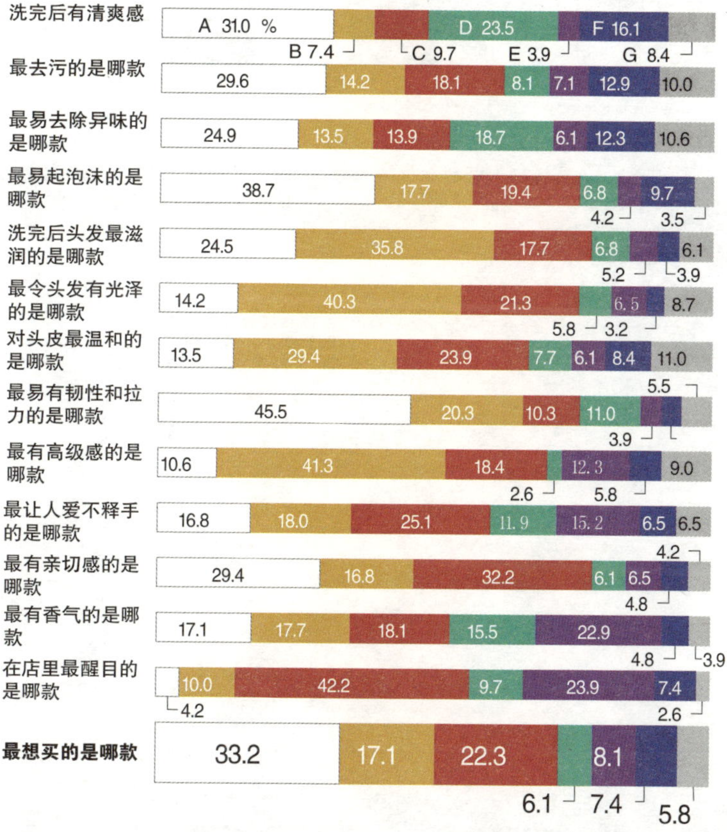

“A~G 中最想买的是哪款颜色？”各年龄段、性别对该问题的回答如下。

最想买的颜色（%）		A（白）	B（金）	C（红）	D（土耳其石蓝绿色）	E（紫）	F（深蓝）	G（银色）
男性	20~29 岁	32.2	12.9	25.7	9.7	6.5	6.5	6.5
	30~39 岁	38.7	6.5	38.7	6.5	6.5	3.1	0
	40~49 岁	35.5	12.9	22.6	16.1	3.2	0	9.7
	50~59 岁	25.7	9.7	19.4	12.9	6.5	12.9	12.9
	60 岁以上	48.3	19.4	16.1	3.2	0	6.5	6.5
女性	20~29 岁	29.0	25.8	22.6	0	2.9	9.7	0
	30~39 岁	25.7	22.6	19.4	3.2	9.7	9.7	9.7
	40~49 岁	35.4	9.7	25.8	0	2.9	9.7	6.5
	50~59 岁	25.8	35.4	16.1	6.5	3.2	6.5	6.5
	60 岁以上	35.5	16.1	16.1	3.2	19.4	9.7	0

女性喜欢金色的人比例高。

红色在高龄段人气低。

紫色受到女性的高支持。

整体看没有人气的土耳其石蓝绿色和银色在 40 岁、50 岁的男性中获得一定支持。

女性喜欢金色的人比例高；红色在高龄段人气低；整体看没有人气的土耳其石蓝绿色和银色在四五十岁的男性中获得一定支持；紫色受到女性的高支持。

设计化妆品和食物包装时，首要考虑的因素便是“色彩”。在超市或便利店中与众多商品摆放在一起，能让自家商品变得抢眼，一瞬间便传递出商品的存在感或特征，这些功能非色彩莫属。

那么市场上消费者喜爱的品牌，它们的色彩有何效果呢？假如换成其他色彩，消费者会有何感想呢？本书得到网络调查公司“macromill”的相助，就“假如商品有更多色彩选择，消费者会作何反应”进行调查。

实际上除了正在销售的商品包装，我们还制作了其他颜色包装的小样，将照片放到网络中供消费者选择。

第1个进行调查的是资生堂“TSUBAKI”洗发水。该商品已有A白、B金、C红3种颜色。此外本书还准备了D土耳其石蓝绿色、E紫色、F蓝色、G银色4款颜色，调查消费者对其产生的印象。

首先，在“最想买哪件商品”的询问中，人们还是选择了已看惯了的颜色。最具人气的是A白色，其次是C红色、B金色。在对每款颜色有何印象的问题上，和其他颜色相比，白色在“看起来对肌肤有益”“容易起泡沫”“容易去污”等方面给人印象深刻。另一方面，红色“有亲和力”“更显眼”，在店头的吸引力很高，金色则令消费者感觉洗发后头发有光泽。

其他几色有怎样的特征呢？D土耳其石蓝绿色在“给人清爽感”“香气芬芳”等方面紧随白色，给人深刻的印象，受到40~59岁男士的喜爱。另外E紫色给人留下“最有香气”的印象。

深蓝表现咸味、黄色表现醇厚、黑色令人联想浓郁

如果雪印奶酪再多一点色彩选择……

雪印Meg Milk / “Slice Cheese”

A

青

厂商实际销售的产品

这是消费者常年看到的颜色。因为是看惯的颜色，和其他色相比，很多人觉得它令人感到亲切。所以最多人回答“想要购买”。

这次给上图再配上5种颜色，询问消费者对这些颜色的印象。

粉红

6色中“想要购买”的人数最低，最没人气的颜色。虽然给人最甜的印象，可是除此之外的印象皆在6色中表现最低。

绿色

有部分评价其“口味看似清淡”“后味爽口”，但在“最讨厌的颜色”印象上得分较高，使其人气低下。

黄绿

继深蓝、黑色之后消费者“最想购买的颜色”。给人“醇厚”“入口即化”“酸味强”的印象。

黑

继深蓝后人气最旺的颜色。给人“口味浓郁”“看起来食材高端”“高级的感觉”等印象。也有人对其产生“味苦”的印象。

红

这是一款令人感觉“甜”“香味浓郁”印象的颜色。虽然是奶酪产品常选的颜色，但不知为什么没人气。

Q1 左图是Slice Cheese。看了A~F后请对下述问题作出选择。

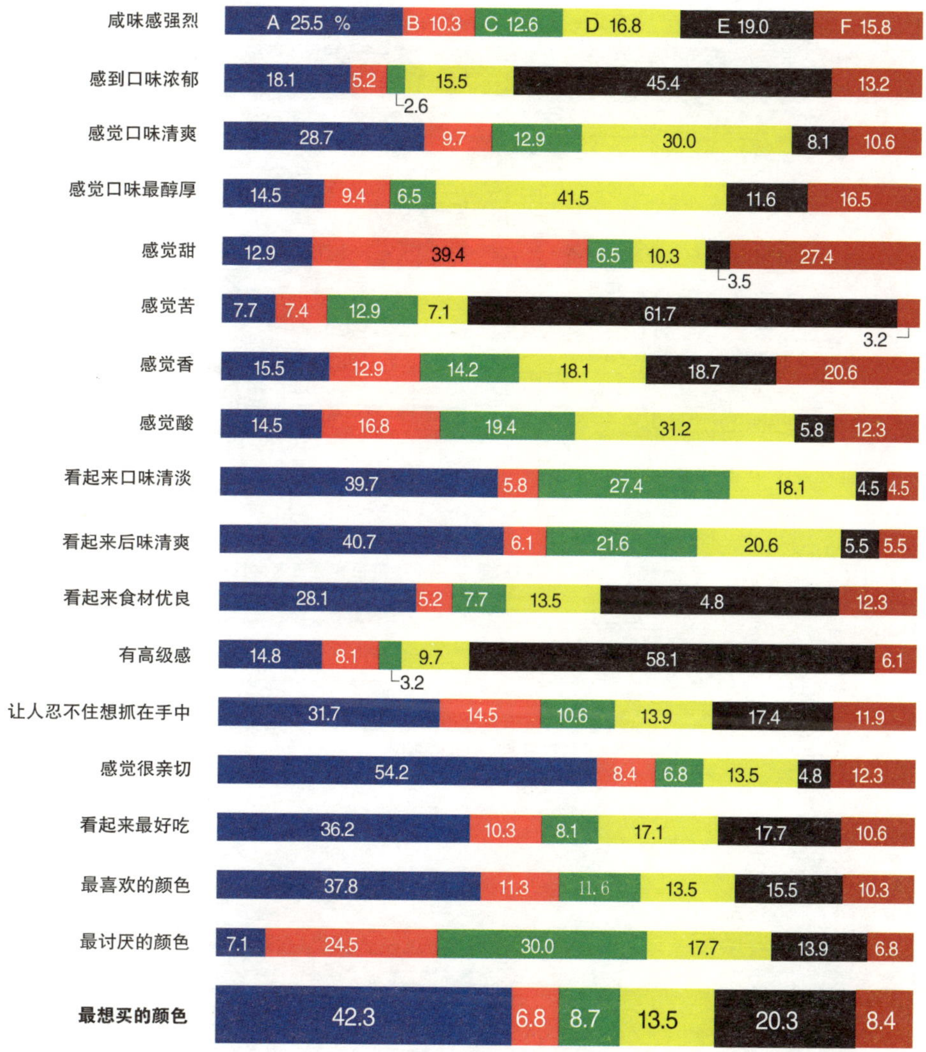

"A~F 中最想买的是哪款颜色？" 各年龄段、性别对该问题的回答如下。

	最想买的颜色（%）	A（深蓝）	B（粉红）	C（绿）	D（黄）	E（黑）	F（红）
男性	20~29 岁	48.4	3.2	9.7	12.9	16.1	9.7
	30~39 岁	48.4	12.9	6.5	9.7	19.4	3.2
	40~49 岁	45.2	3.2	9.7	9.7	16.1	16.1
	50~59 岁	51.5	6.5	12.9	6.5	12.9	9.7
	60 岁以上	25.7	6.5	19.4	19.4	22.5	6.5
女性	20~29 岁	45.2	3.2	0	16.1	25.8	9.7
	30~39 岁	38.6	9.7	6.5	16.1	19.4	9.7
	40~49 岁	45.2	3.2	3.2	19.4	25.8	3.2
	50~59 岁	41.8	9.7	6.5	9.7	22.6	9.7
	60 岁以上	32.2	9.7	12.9	16.1	22.6	6.5

虽然深蓝是整体人气最高的颜色，但在 60 岁以上人群中人气较低。

粉红最受 30 岁男性的支持。

黄色和黑色在女性中有较高人气。

在各年龄层中，绿色的清爽受高龄者的支持。

最支持红色的是 40 岁左右的男性。

在对前述洗发水的调查中我们可以知道，人们从包装上所感受的印象会因色彩的不同而有很大变化。并且从这一调查中我们能明确看出消费者对色彩所持的印象。

那么在食品包装问题上，人们从色彩上会形成怎样的味觉印象呢?这里以雪印Meg Milk为例展开调查。

调查的色彩为实际使用的A深蓝，加上B粉红、C绿、D黄、E黑、F红，共6种。每一款都用了鲜明的包装色。人们对看习惯了的A深蓝颇有好感。不过即便如此，我们还是可以看出消费者对色彩的印象大有不同。

例如：A深蓝和其他颜色相比有“咸味重”“口味清爽”“后味爽口”的印象。另一方面，让人感觉甜味强烈的是B粉红。至于C绿，虽不及A深蓝，但也有“清淡”“爽口”的印象，且比A深蓝更易感到酸。

若说给人留下奶酪特有的醇厚感印象，D黄色最为合适。给人浓郁感、高级感、食材的上乘感印象的当属E黑色。F红色给人香醇的印象，易被消费者所接受。

对于“最想买哪一款”的提问，仍是A深蓝最受欢迎。排第2位的是很出乎意料的E黑色。似乎是因为它带给人高级感印象，在展现奶酪色泽上颇有效果。并且黑色包装在女性中更受欢迎。

另外，继A深蓝、E黑色后受女性欢迎的是D黄色。男性一定程度上接受C绿色，但在女性群体中没什么人气。60岁以上的高龄人士比起其他年龄段很少喜欢A深蓝。也许是考虑到健康因素，不接受给人咸味重印象的包装吧。

薯片只限于暖色系

如果给山崎 Nabisco“薄盐薯片”换个包装色……

山崎 Nabisco“薄盐薯片”

A

红

人们对常规色感到亲切，给予其“感觉到马铃薯的美味”“感到香味”“香气浓郁”等口味方面较高评价，有超高人气。

厂商实际销售的商品

这次在上方产品的基础上添加了6种颜色，询问消费者对这些颜色有何印象。

深蓝

和之前的奶酪一样令人感到“咸味重”。但和奶酪不同的是，在这种咸味是小吃点心方面，深蓝没什么人气。

橙色

继红色后人气第二高的颜色。在“香味”这一点上获最高评价。该颜色令人充分感受到高级感。不过另一方面也令人感到“苦味”。

蓝色

“口味清淡”“后味爽口”等印象强烈。或许它适合表现清爽印象的口味。

粉红

最没人气的颜色。“甜味”“香气浓郁”方面印象深刻，但这一印象和咸味的零食印象不符。

绿色

虽不及D蓝色。但在“酸味儿”“清淡”“爽口”方面给人深刻印象。一般常用于“海苔”口味。

黄色

酸味感最强的一款颜色。消费者多因此想起高级感和咸味。在女性中较多受欢迎。

Q1 左图为薯片chip star。请看A~G为下述问题选出最合适的答案。

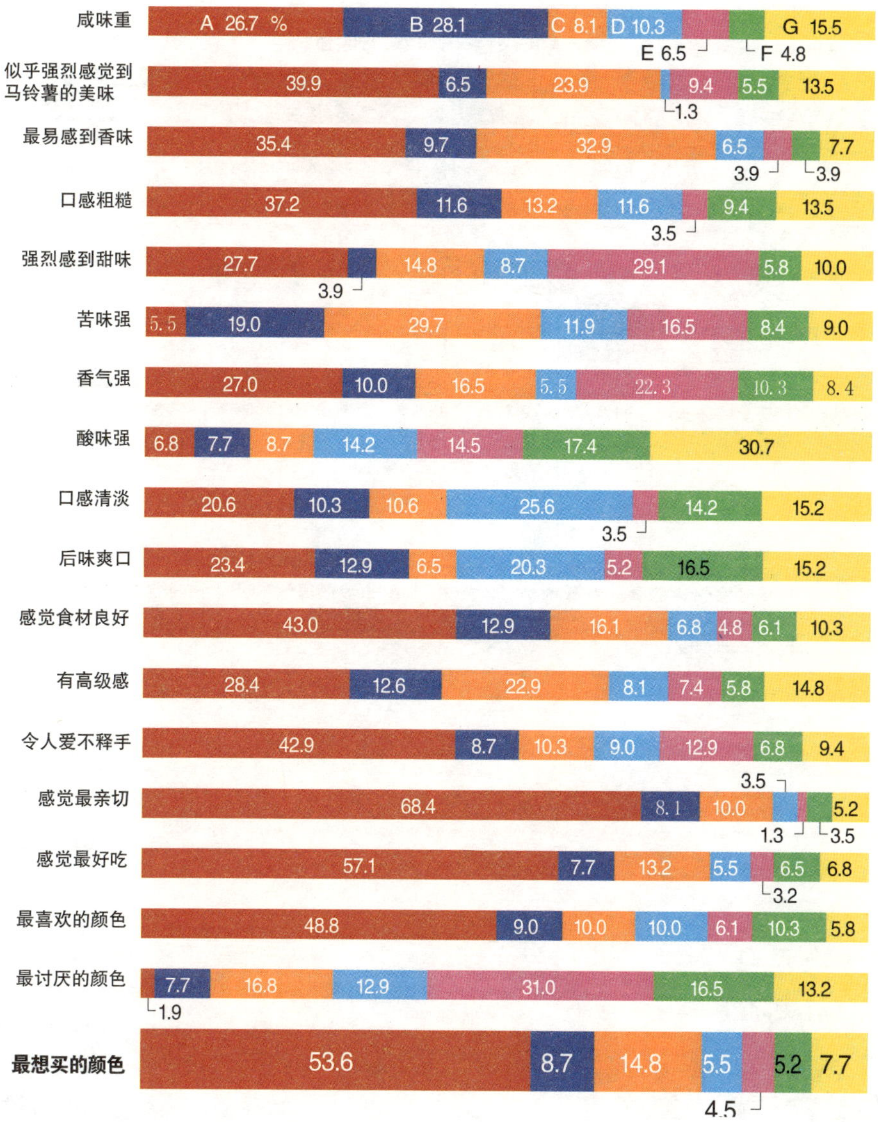

"A~G 中最想买的是哪款颜色？" 各年龄段、性别对该问题的回答如下。

最想买的颜色（%）		A（红）	B（深蓝）	C（橙色）	D（蓝色）	E（粉红）	F（绿）	G（黄）
男性	20~29 岁	51.6	16.1	12.9	6.5	3.2	6.5	3.2
	30~39 岁	54.8	6.5	19.4	3.2	3.2	3.2	9.7
	40~49 岁	54.7	6.5	19.3	6.5	0	6.5	6.5
	50~59 岁	54.7	9.7	9.7	6.5	3.2	9.7	6.5
	60 岁以上	35.5	29.0	12.9	0	12.9	3.2	6.5
女性	20~29 岁	77.4	0	9.7	6.5	3.2	0	3.2
	30~39 岁	64.5	0	16.1	9.7	3.2	0	6.5
	40~49 岁	51.6	3.2	12.9	6.5	3.2	9.7	12.9
	50~59 岁	41.8	9.7	22.5	6.5	6.5	6.5	6.5
	60 岁以上	48.3	6.5	12.9	3.2	6.5	6.5	16.1

年轻女性特别喜欢 A 红色。

B 的深蓝色在 20~60 岁的男性群体中人气很高。

60 岁的男性不讨厌粉红色。

特定年龄段的女性喜欢黄色。

通过先前的调查可知，乳制品需要的是使白色显眼的深蓝和黑色。不过根据食材和口味的不同，与商品相配的颜色和对颜色的印象也会发生变化。此处以零食为例，我们询问了消费者对商品期待哪种颜色。

此处提供比较的颜色是实际销售商品的A红色和本书附加的6色：B深蓝、C橙色、D蓝色、E粉红、F绿色、G黄色，共7色。每一个都使用了清晰的配色。

对各色的受欢迎度调查中，超5成的消费者回答最想购买的颜色是A红色。在这一点上，果然还是实际销售的商品颜色占优势。红色在“感觉到马铃薯的美味”“感到香脆”“有香气”等味觉方面获较高评价。难怪红色稳坐chipstar的品牌色交椅。

其他颜色也各有特征。例如B深蓝令人感到咸味。继A红色后最受欢迎的是C橙色，对它的评价主要是“感到香脆”“苦味感强”。此外C还是继A之后最令人感到高级感的颜色。

D蓝色在“清洁感”“后味爽口”方面印象强烈。E粉红得到的较多评价是“强烈地感到甜味”“香味浓”。在奶酪的调查中，粉红并没有令人联想到甜味，可见，相似的颜色在不同商品上似乎给人不同的印象。F绿色给人爽口的印象。G黄色给人酸味的印象。

在不同年龄、性别的人群对颜色嗜好的调查中发现，A红色特别受年轻女性的欢迎。另一方面，和其他颜色相比，60岁以上男性不太喜欢红色。这一年龄段似乎更喜欢B深蓝和E粉红。此外G黄色在40 ~ 60岁以上的女性群体中比较受欢迎。

蓝色是人气色，但男性也喜欢红色

如果花王“attack neo”有更多配色可选

花王/“attack neo”

A

绿

给人“亲切感”“环保感”“百看不厌的设计”等印象最多。是仅次于蓝色的“最想买”的颜色。

厂家实际销售的商品

这次我们添加了5种颜色，询问消费者对各色的印象。

紫色

作为洗剂的包装色，人气最低。令人联想到香气，若想强调气味芬芳，可以考虑这一选项。

橙色

虽不是令人惊叹的颜色，但在20多岁和60多岁男性群体中人气很高。若限定客户群的话，可有效利用该颜色。

蓝色

人气最旺的颜色。在强调花王洁净力的新产品“attack neo 抗菌 ex power”中使用了相似的颜色。

黄色

没有特征。任何年龄和性别的人群都没有支持。

深蓝

仅次于D蓝色和A绿色的高人气颜色。“去污力强”“有高级感”等印象强烈。

Q1 **左图为洗剂的照片。请看A~F并对下列问题做出选择。**

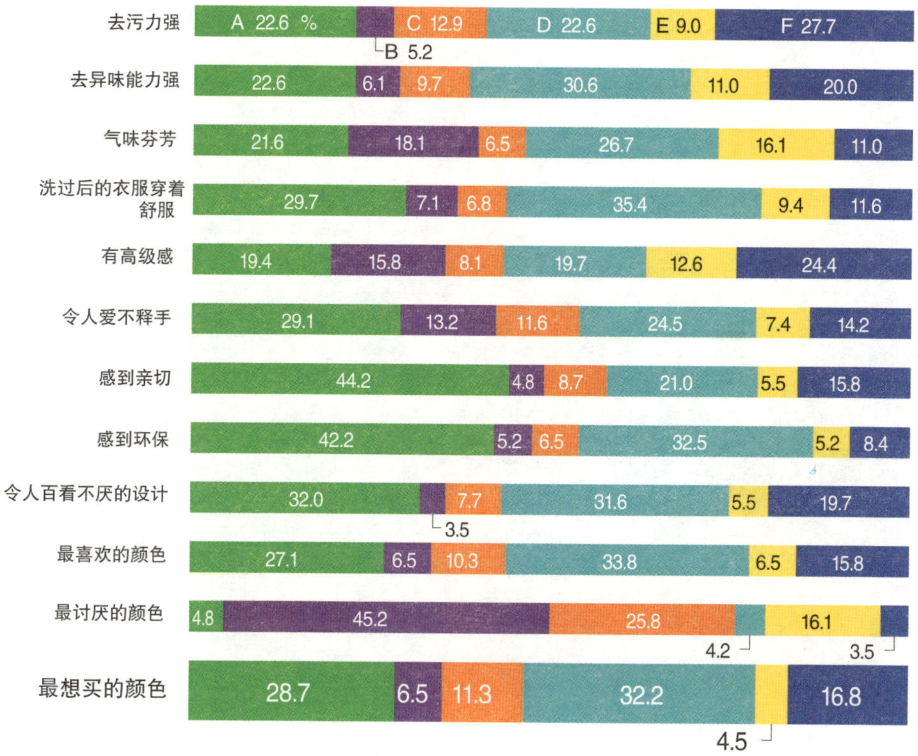

在洗剂包装调查中，A绿色和D蓝色受到人们的喜爱。A绿色易使人感到有亲和力，且令人联想到环保。D蓝色令人联想去污能力和芬芳的香味儿，强调洗过后的愉悦感觉。

其他值得关注的是B紫色和C橙色。B紫色在“感到讨厌”这一点上遥遥领先，通过数字便可看出它不符合洗剂产品的印象。C橙色似乎也没什么人气，只在20多岁和60多岁的男性中有较高人气。若只是男士用品，可作为与其他公司产品色彩差别化的一个选项。

图书在版编目（CIP）数据

经营者色彩基础 / 日本《日经设计》编；王莉 译. —北京：东方出版社，2014.7
（精益制造；25）
ISBN 978-7-5060-7658-6

Ⅰ.①经…　Ⅱ.①日…②王…　Ⅲ.①制造工业—工业企业管理　Ⅳ.①F407.406

中国版本图书馆 CIP 数据核字（2014）第 179346 号

精益制造 025：经营者色彩基础
（JINGYI ZHIZAO 025：JINGYINGZHE SECAI JICHU）

编　　者：[日]《日经设计》
译　　者：王　莉
责任编辑：崔雁行　高琛倩
出　　版：东方出版社
发　　行：人民东方出版传媒有限公司
地　　址：北京市西城区北三环中路 6 号
邮　　编：100120
印　　刷：北京楠萍印刷有限公司
版　　次：2014 年 9 月第 1 版
印　　次：2021 年 1 月第 3 次印刷
开　　本：880 毫米×1230 毫米　1/32
印　　张：6.75
字　　数：214 千字
书　　号：ISBN 978-7-5060-7658-6
定　　价：38.00 元
发行电话：（010）85924663　85924644　85924641

东方出版社助力中国制造业升级

定价：28.00元

定价：32.00元

定价：32.00元

定价：32.00元

定价：32.00元

定价：32.00元

定价：30.00元

定价：30.00元

定价：32.00元

定价：28.00元

定价：28. 00 元

定价：36. 00 元

定价：30. 00 元

定价：32. 00 元

定价：32. 00 元

定价：32. 00 元

定价：38. 00 元

定价：26. 00 元

定价：36. 00 元

定价：22. 00 元

定价：36.00 元

定价：46.00 元

定价：38.00 元

定价：42.00 元

定价：49.80 元

定价：38.00 元

定价：38.00 元

定价：38.00 元